U0272404

国家食品安全风险评估中心年鉴
（2019 卷）

国家食品安全风险评估中心年鉴编写委员会　编

中国质量标准出版传媒有限公司
中国标准出版社
北　京

编　委　会

2018年12月28日，国家卫生健康委党组成员、副主任李斌一行来到食品评估中心调研工作

2018年6月1日，食品评估中心召开"大学习、大调研、大落实"工作动员部署会议

2018年5月18日，食品评估中心主任、食品安全与卫生营养专委会主任委员卢江出席"食品安全与营养健康"主题论坛

2018年3月23日~30日，第五十届国际食品添加剂法典委员会（CCFA）会议在厦门举行。来自54个成员国和1个成员组织（欧盟）及32个国际组织的300余名代表参加了本届会议

2018年5月29日，食品评估中心与德国联邦食品与消费者保护局召开"2018年中德食品安全风险监测工作交流研讨会"

合作交流

　　2018年12月18日，第9次中韩食品安全标准专家会在北京召开。本次会议旨在落实食品评估中心与韩国食品药品管理部签署的双边合作协议，进一步推动中韩两国在食品安全标准制定、营养和特殊膳食食品管理、国际食品法典等领域的交流与合作

2018年9月17日~21日，食品评估中心派专家赴意大利欧洲食品安全局参加双边会谈等多项学术活动

2018年11月12日~16日，食品评估中心派专家赴巴拿马参加第50届食品卫生法典委员会会议

2018年11月26日~28日，食品评估中心王竹天书记带领专家赴吉林省调研食品安全风险监测工作

2018年1月23日~24日，食品评估中心在杭州举办2018年国家食品安全风险监测培训

2018年6月22日，食品评估中心专家赴湖南省郴州资兴市虹鳟鱼养殖基地开展实地调研

食品评估中心专家现场调研食源性疾病监测工作

2018年3月20日，食品评估中心在北京举办国家食品安全风险评估专家委员会第十三次全体会议

2018年6月12日，食品评估中心在北京举办国家食品安全风险评估专家委员会第十四次全体会议

2018年2月6日，食品评估中心在北京举办毒理学数据相关性评价工作研讨会

2018年6月5日，食品评估中心在北京举办食品接触材料风险评估工作研讨会

2018年4月17日，食品评估中心在北京举办食品中呋喃和咖啡因的风险评估项目启动会

2018年11月29日，第一届食品安全国家标准审评委员会第十四次主任会议在北京召开。委员会副主任委员、副秘书长、各专业分委员会主任委员、副主任委员出席会议。国家卫生健康委、农业农村部、工业和信息化部、市场监管总局、海关总署、国家粮食和物资储备局等部门代表应邀参会。会议由委员会副主任委员、技术总师陈君石院士主持

2018年4月18日~19日，食品评估中心在北京组织召开特殊医学用途配方食品系列标准协调会

标准工作

2018年7月2日~6日，食品评估中心派专家参加在意大利罗马联合国粮食及农业组织总部召开的第41届国际食品法典委员会会议

2018年11月20日，食评估中心在北京举办检验方法类食品安全国家标准协作组工作启动会暨培训会议

2018年5月10日，食品评估中心在北京组织召开老年食品国家标准协调会

2018年5月9日，食品评估中心在北京组织召开营养相关标准体系研讨会

2018年6月20日~22日，食品评估中心在北京举办2018年中国居民食物消费量调查工作启动会暨国家级培训

2018年7月25日，食品评估中心参加营养健康扶贫启动会

2018年6月22日，食品评估中心在北京举办食品评估中心分中心（技术合作中心）营养与食品安全相关工作交流会

2018年4月9日~11日，食品评估中心在武汉举办国家食品安全风险监测农药残留、兽药残留检测技术培训

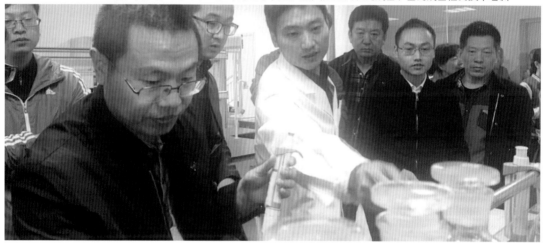

2018年4月23日~25日，食品评估中心在合肥举办国家食品安全风险监测污染物检测技术培训

2018年4月23日~27日，食品评估中心在北京举办全国省级食源性细菌和诺如病毒检验方法技术培训

2018年4月25日~26日，食品评估中心在武汉召开2018年国家食品安全风险监测参比实验室工作研讨会

2018年4月23日~27日，食品评估中心在北京举办了全国省级食源性诺如病毒检验方法技术培训班

2018年8月20日，食品评估中心获得国家认监委颁发的检验检测机构资质认定证书

2018年11月29日，食品评估中心专家在陕西省子洲县中学开展食品安全进校园科普活动

2018年11月22日，食品评估中心专家在山西省永和县开展食品安全科普宣教活动

2018年11月28日，食品评估中心专家在陕西省清涧县开展食品安全科普宣教活动

2018年12月17日，食品评估中心召开2018年度领导班子述职暨"一报告两评议"考核测评会

2018年3月28日，食品评估中心举行2018年中国食品安全技术支撑人才培训项目开班仪式

2018年6月12日，食品评估中心以"践行十九大 拥抱新时代"为主题，举办尚学讲坛暨英语演讲比赛

2018年4月24日，食品评估中心召开2018年第二次工会委员会扩大会

2018年11月28日，为进一步增强职工消防安全防范意识，食品评估中心组织举办2018年消防安全培训

2018年12月3日~5日，食品评估中心举办2018年新职工入职培训

2018年10月18日~24日，食品评估中心为贯彻"三减三健"的要求，开展秋季登山健步走活动

2018年5月3日，食品评估中心团员青年赴北京鲁迅博物馆开展"五四主题"团日活动

2018年6月26日，食品评估中心举办纪念建党97周年主题党日暨廉政教育大会

2018年1月12日，食品评估中心党委召开2017年度党建述职大会

2018年11月8日，食品评估中心召开警示教育大会

目　录

第一部分　重要讲话

第二部分　业务工作

第三部分　活动和会议

第四部分　大事记

第五部分　机构设置

第六部分　附录

第一部分　重要讲话

在国家卫生健康委成员、副主任李斌到食品评估中心调研工作时的汇报

国家食品安全风险评估中心主任、党委书记 卢江

在国家卫生健康委党组的正确领导下，国家食品安全风险评估中心（简称食品评估中心）深入学习贯彻落实习近平新时代中国特色社会主义思想和党的十九大、十九届二中、三中全会、政府工作报告、《中国共产党纪律处分条例》等会议和文件精神，始终坚持把党的政治建设摆在首位，牢固树立"四个意识"，始终坚定"四个自信"，坚决做到"两个维护"，以服务大局、求真务实、改革创新的工作作风，全面落实党中央和国家卫生健康委党组决策部署。下面我代表食品评估中心党委、领导班子将食品评估中心整体工作情况报告如下：

一、食品评估中心基本概况

食品评估中心成立于 2011 年 10 月 13 日，是经中央机构编制委员会办公室批准，采用理事会决策监督管理模式，直属于国家卫生健康委的公共卫生事业单位，是我国唯一的国家级食品安全风险评估技术机构。

（一）工作职责

食品评估中心负责食品安全国家标准制定与修订、全国食品安全风险监测评估与交流、国民营养计划实施技术支持、食品安全国家级基础数据与参数构建、类似"三鹿奶粉"以及"塑化剂"等食品安全应急事件处置的技术支持、食品安全风险评估业务应用国家信息平台和数据中心建设、食品安全科学研究，国际食品标准制定的牵头或参与等工作，承担前沿、急需、应急检验检测方法的开发和应用培训，以及中南海北区食品安全保障任务。

（二）工作团队

食品评估中心核定财政补助事业编制 200 名，在编职工 195 人（中共党员 117 人）。现有 5 名领导班子办公会成员（其中委管干部 4 人：主任/党委书记卢江、纪委书记王竹天、副主任李宁、四级职员刘萍，主任助理 1 人：王永挺），处级干部（含正副职）21 名，业务室主任（含正副职）33 名（按技术职务系列聘任）。在编职工中硕士学历 81 人，占 42%，博士学历 71 人，占 36%，高级技术职称资格 109 人，占 56%，职工平均年龄 39 岁，是一支精神饱满、积极向上的年轻优秀团队。

（三）机构设置

食品评估中心设有 17 个内设机构，其中职能管理处室 8 个：办公室、科教与国际合作处、人事处、财务处、审计处、条件保障处、党群工作处、纪检监察室。技术支撑部门 3 个：发展规划处、资源协作处、信息技术处。主要业务部门 6 个：风险监测部（下设监测一、二、三室）、风险评估部（下设评估一、二、三室）、风险交流部、食品安全标准研究中心（下设标准一、二、三、四室）、国民营养行动中心（下设营养一、二、三、四室）、食品安全检定和应用技术研究中心（下设综合业务室、化学实验室、微生物实验室、毒理实验室、快检检测技术研究室、质量管理办公室）。另外，北京中卫食品卫生科技公司为食品评估中心主办的二级法人企业。

（四）工作经费

食品评估中心 2018 年财政补助收入 11232.89 万元，其中项目经费 7387 万元（包括食品安全项目 5000 万元、高层次人才项目 1251 万元、食品添加剂国际法典会议 196 万元、食品安全技术人才培训 140 万元、行政许可标准审查 100 万元、实验室设备购置项目 700 万元），2018 年项目经费预算执行率 100％。2019 年二上财政拨款项目经费 10667 万元，比上年增长 3280 万元，主要是落实国务院食安委会议精神，在国家卫生健康委财务司、食品司大力支持下新增食品安全标准技术项目，目前正在等待二下批复。

（五）工作体系

食品评估中心在国家卫生健康委党组的正确领导和各相关司局的关心、帮助下，切实扎实推进"1＋434"工作体系。"1"是：认真贯彻落实中央和国家卫生健康委党组决策部署，"4"是：抓好四大核心业务（风险监测、风险评估、食品安全标准、营养健康），"3"是：建好三大支撑（风险交流、基础研究、工作网络），"4"是：做好四大保障（党建和党风廉政建设、人事人才建设、信息化与大数据应用、内部管理体系）。

二、主要工作成效

（一）全面落实四大核心业务

1. 食品安全国家标准"严谨性"明显提升。食品评估中心贯彻习近平总书记"最严谨的标准"要求，协助食品司组织完成了几十年来归属各部门管理的 5000 余项食品标准的清理整合，有效解决标准交叉的矛盾问题。建立我国食品领域唯一强制标准 1200 余项、涵盖近 20000 项指标，形成从"农田到餐桌"，覆盖主要食品类别和健康危害因素，并与国际接轨的食品安全国家标准体系，成为食品行业生产的技术准绳和监督执法的重要依据，及时研究制定社会关注的"辣条""谷类辅助食品中镉""二噁英"等重点标准。

食品评估中心还积极参与国际食品标准工作，牵头制定大米中无机砷限量、非发酵豆制品等多项国际标准，标准工作从"跟跑者"向"并行者""领跑者"转变。连续 12 年代表国家卫生健康委承办国际食品添加剂法典委员会（CCFA）年度会议，每年吸引 60 多个国家、30 多个国际组织参会，会议规模和影响力位居国际食品法典前列。食品评估中心在国际上充分表达中国立场，不断提升国际话语权，推动"一带一路"倡议，为我国的食品国际贸易和外交大局作出积极贡献。

2. 食品安全风险监测网全面建成。作为我国食品安全风险监测工作的技术"龙头"，食品评估中心构建的食品污染物和有害因素监测网络从国家、省、市、县延伸到了乡村，风险监测点由 2012 年的 583 个扩大到了 2808 个，已覆盖全国 95％以上的区县。对粮食、蔬菜、肉、蛋、奶等 30 余类食品中 400 多种污染物和有害因素开展连续监测，基本掌握了我国食品污染水平和时空分布特点。及时发现婴幼儿配方食品汞异常等诸多食品安全隐患，有效地防范了系统性风险。

同时，食源性疾病监测网进一步织密，食源性疾病监测医疗机构由 2012 年的 312 家扩大到了 50000 余家，每年报告病例 100 余万例，识别、核实疾病暴发事件 5000 余起。在小龙虾致横纹肌溶解综合征、渤海海域贝类毒素中毒跨区域暴发等事件的识别中发挥了"哨兵"作用，在亚硝酸盐、毒蘑菇等严重食物中毒的防控政策制定中起到了"参谋"作用。食品评估中心正在筑牢"从病到食品"的食品安全风险回溯和循证体系，为食品安全监管和人民群众健康保驾护航。

3. 风险评估成效突显。风险评估工作从零起步，奋起追赶先进国家 35 年的发展步伐，用不到 7 年时间，构建起了有效运转的风险评估体系。食品评估中心始终坚守"科学为本、服务管理"的国际准则，瞄准我国政府管理的重大需求，采用科学数据和先进技术开展风险评估，为食品安全监管科学决策和政策制定提供重要保障。目前，已完成百余项重点评估工作和应急评估任务，如，稀土元素风险评估，填补了国际空白，推动标准的科学修订；白酒中塑化剂评估，指导我国白酒产业免受灭顶之灾；食盐加碘评估，辅助政府"精准补碘"的国策制定；谷氨酸盐评估，为我国味精的使用管理提供科学依据。风险评估的"决策参谋"作用得到进一步提升，已成为提高食品安全管理水平、保护公众健康、促进行业发展的科学基石。

4. 营养工作稳步推进。根据国家卫生健康委党组要求，食品评估中心作为技术牵头单位，组织编制了《国民营养计划（2017—2030 年）》，并推进实施。该计划是我国营养工作的纲领性文件，从"七大实施策略"和"六大营养改善行动"对未来全国营养工作作出顶层设计和总体部署。食品评估中心落实"营养计划、标准先行"的理念，协助构建食品安全基础之上的营养标准体系，以营养标准推动食品产业转型升级。同时，逐步建立健全全国食物消费量调查网络，持续开展人群食物消费量调查；开展营养素健康影响评估，如，对加工食品中油盐糖的评估，为落实"三减三健"专项行动提供科学支持。

此外，食品评估中心认真落实国家卫生健康委党组要求，及时应对，科学研究"地沟油""白酒塑化剂""不锈钢锅锰超标""注水肉"等一系列食品安全事件，有力发挥了重要的技术支撑保障作用。

（二）不断夯实三大技术支撑

1. 不断强化风险交流与舆情监测工作。食品评估中心通过媒体通气会、开放日、专家访谈、网站、微信公众号等渠道，打造有科学公信力的食品安全权威声音发源地。此外，助力健康扶贫，在四个贫困县开展科普宣教。

食品安全舆情监测进一步加强，建立舆情监测日报、周报、专报工作制度，食品评估中心班子每周对舆情进行分析研判，为国家卫生健康委超前应对和防范食品安全事件提供了有力保障。

2. 基础科学研究成果丰硕。一是拥有部级食品安全风险评估重点实验室，已建立食品有毒有害物质毒理学数据库（1000 余种物质）、食源性致病菌全基因组数据库（1397 株菌的全基因组序列）等基础数据库。二是研发了一批我国食品安全监管急需的、具有自主知识产权的模型技术和试剂设备。三是在二噁英等精准检测、总膳食研究、全基因组测序、微生物耐药及毒力基因鉴定分型、稀土元素毒性评价等领域实现了科技创新和突破，引领了我国食品安全学科的发展。四是先后承担 200 余项国家、省部级科研课题。仅 2018 年牵头获得国家重点研发计划重点专项 4 项、课题 20 项，国家自然科学基金项目 6 项。五是食品评估中心基础研究取得丰硕成果，荣获 20 余项国家及省部级科技奖，达到国际先进水平。六是多次参加 WHO、FAO 等国际组织对比考核，通过国际检测能力验证。

此外，承担中南海北区 5 个食堂，每月一次的食品安全检验检测、分析评判、隐患预警等保障任务，获得各级领导高度认可。

3. 工作网络日趋完善。食品评估中心采取"小中心、大网络"的工作模式，大力发展食品安全工作协作网络。国内方面：承担食品安全国家标准审评委员会、国家食品安全风险评估专家委员会、中国食品法典委员会秘书处工作。设立中国科学院上海生命科学研究院和军事医学科学院两个分中心，与地方合作成立青岛海洋食品技术合作中心、浙江清华应用技术合作中心和盘锦风险监测合作实验室，加强对地方 32 个省级食品安全风险监测机构、20 个参比实验室、7 个食源性疾病病因学鉴定实验室的技术指导和交流合作。此外，食品评估中心设立的"中国食品安全技术支撑人才培训"项目初见成效，每年为各地食品安全专业技术机构培养复合型专业技术人才 10 余名，进一步强化了我国食品安全技术支撑体系。国际方面：承担国际食品添加剂法典委员会（CCFA）秘书处工作。积极发挥世界卫生组织食品污染监测合作中心以及世界贸易组织相关事务（TBT/SPS）项目管理办公室的作用。设立由 8 名全球顶级专家组成的第二届国际顾问专家委员会，发挥国际顾问专家在食品安全技术咨询、人才培养和信息交流等方面的作用。与美国、欧盟、德国、加拿大、丹麦、俄罗斯等国家和国际组织的一批技术机构签署了合作协议，建立合作关系，逐渐形成资源互补、互相协作、共同发展的工作体系。

（三）切实发挥四大保障作用

1. 人才队伍建设成效显著。通过"523"人才项目，食品评估中心从日本、美国、英国、加拿大、中国工程院、中国科学院、北京大学、中国疾控中心引进 4 名高端专家（兼职）和 8 名学术领军人才（兼职）。同时，内部人才培养目标有所进展，实现 5 年培养 23 名高层次人才的目标。目前，食品评估中心 1 名专家入选国际食品科学院院士；1 名专家担任国际食品添加剂法典委员会主席；6 名专家入选联合国粮农组织/世界卫生组织食品添加剂专家委员会（JECFA）和食品微生物风险评估专家委员会（JEMRA）；1 名专家入选国家百千万人才工程；4 名专家获得突出贡献中青年专家荣誉称号；4 名专家享受国务院政府特殊津贴；100 余人次专家兼任国内各级食品安全相关专业组织的重要职务或委员。

2. 信息化建设稳步推进。实施全民健康保障信息化工程，统筹编制食品安全平台建设方案，科学制定食品安全信息编码规则，指导全系统开展食品安全信息化建设，有效保障各项业务工作高效、融合发展。目前，已建立覆盖全国 31 个省（自治区、直辖市）及新疆生产建设兵团的食品污染物监测网络、食源性疾病监测网络。构建了国家食源性疾病分子溯源网络（TraNet），实现了分子分型图谱的实时上报、在线分析和数据共享。同时，还建立了食物消费量调查系统、食品安全风险评估信息系统、食品安全标准管理系统等，已基本形成大数据挖掘和分析评估的智库。

3. 内部管理和文化建设积极向上。食品评估中心强化用制度管人、管事、管物，规范工作秩序、理顺工作程序，建立了百余项涵盖人事、财务、会议、公文、安全、采购、外事、审计等的管理制度，强化干部职工法制观念和组织纪律观念。加强工作计划性，制定工作要点、重点工作任务调度表、会议计划等，确定工作重点和方向，加强督查督办力度，提高预算管理能力。坚持民主集中制，决策透明、公开。每周召开主任办公会和党委会，"三重一大"事项均经食品评估中心领导班子办公会成员充分讨论后作决定，并形成会议纪要，报国家卫生健康委领导和相关司局，印发食品评估中心全体职工。注重文化建设，以文化建设带动学习型组织建设，组织开展丰富多彩的职工思想教育和文化体育活动，陶冶身心，营造积极向上的工作氛围。关心职工、服务职工，切实为职工办实事、办好事、解难事，开办职工食堂、理发室、阅览室和母婴室，切实改善职工福利，提升广大职工的幸福感和获得感，创造和谐稳定的发展环境。

4. 党建和党风廉政建设取得新成效。食品评估中心党委始终坚持把党的政治建设摆在首位，将学习贯彻党的十九大精神和推进"两学一做"学习教育常态化制度化有机结合，坚持问题导向，深入开展"大学习、大调研、大落实"，梳理工作制度和工作流程，排查风险隐患，完善食品评估中心权力运行机制，不断夯实党建和党风廉政主体责任。坚持"三会一课"制度，创建"支部公开课"和"尚学讲坛"学习品牌，压实"两个责任"，强化思想武装，使习近平新时代中国特色社会主义思想入脑入心。坚持民主集中制，完善"三重一大"制度，及时将党建和党风廉政反腐败工作提交党委会审议。持续加强作风建设和警示教育，通过举办学习讲座、制作宣传展板、支部 APP 学习和法院旁听现场教学等方式，做到警钟长鸣、常抓不懈，不断营造风清气正的良好政治生态。

三、存在问题及建议

（一）人员编制、新址建设等两项能力建设方面存在短板，各项支持政策还需进一步争取

一是食品评估中心成立 7 年来的发展实践表明，应对现有食品评估中心职能和工作量，人员编制数量已不能很好地满足履职需要（每项工作的人员配置不足国外有关机构从事同类相关工作人员的 1/5 到 1/10 不等）。食品评估中心成立之初，中央编办经论证形成的上报国务院的报告中就明确提出："经测算，建议从严从紧核定财政补助事业编制 400 名"，该报告经中央领导同志圈阅同意。此外，2016 年国家发改委依据国家卫生健康委对 400 名编制的相关承诺，才按照 400 名编制核定新址建设规模并予以立项。下一步还需向发改委提供 400 名编制的落实情况，否则将面临新址建设能否按照立项批复规模继续推进的问题。针对食品评估中心编制短缺问题，新一届食安委和国家卫生健康委党组专门听取汇报，并给予了极大关注。下一步，食品评估中心将继续在食安委和国家卫生健康委党组的关心支持下，积极协调推动食品评估中心编制问题的解决（经论证，食品评估中心需要增加编制 217 名）。

二是食品评估中心自成立以来，无自有用房，靠租用或借用等方式支撑日常工作开展，严重影响了食品评估中心技术支撑能力发挥和科研水平提升。根据国务院原食安办和原卫生部要求，食品评估中心于 2012 年启动新址建设工作，2014 年年底选址北京通州国际医疗服务区。2016 年 5 月，经国务院批准，国家发改委审批通过食品评估中心建设项目建议书，批复建设规模 61369㎡（当时按照 400 人编制批复建设规模，但食品评估中心实际编

制 200 人，其余 200 人编制待落实）。后由于北京城市副中心建设不可抗力原因，原选址已成为城市副中心行政保障用地，致使新址建设项目可行性研究报告编制等后续工作无法开展。为加快推进新址建设工作，食品评估中心通过政协提案渠道以及在国家卫生健康委规划司的支持下积极协调联系北京市政府、有关部门以及通州、房山、门头沟等区政府、有关部门。但由于北京市建设用地紧张，同时食品评估中心的工作性质对区县政府的需求吸引力相对不强等因素，导致食品评估中心选址仍未确定。下一步，食品评估中心将在国家卫生健康的支持下，继续积极与北京市各区县接触，努力争取新址建设用地，同时协调争取纳入雄安建设规划。

（二）核心业务制度建设有待进一步完善，防范化解重大风险能力有待进一步提高

一是食品安全标准与习近平总书记要求的"最严谨的标准"仍有差距。标准制定程序有待进一步完善，个别制标单位、专委会责任心不强。建议通过建立标准起草机构黑名单、委员名单动态调整机制、委员遴选标准、主审责任制、责任追究等制度，加强对标准起草单位及专委会的管理，确保食品安全国家标准的严谨性。二是法定职能缺乏实施落实办法，如地方标准备案工作食品安全法规定，"对地方特色食品，没有食品安全国家标准的，省、自治区、直辖市人民政府卫生行政部门可以制定并公布食品安全地方标准，报国务院卫生行政部门备案"。但如何备案具体的实施办法，须建立食品安全法赋予的地方标准备案等实施办法。三是"三新食品"审批程序没有具体规定，特别是审批有关环节没有时限要求，须尽快完善"三新食品"审批程序，制定工作规范，依法落实法定职责、时限等要求。四是部分地方风险监测数据质量不高、报告率低、隐患发现不及时，严重影响国家卫生健康委对风险隐患的评估研判和及时通报。建议进一步健全风险监测评估管理制度，明确工作程序和要求，强化风险监测的属地管理职责，确保敏感、重大食品

安全信息早发现、早报告、早处置。

（三）食品评估中心干部队伍建设有待加强

一是目前食品评估中心委管干部仅有 4 名，业务分管干部只有李宁副主任一人，为此建议调整充实食品评估中心领导干部。二是食品评估中心认真落实国家卫生健康关于取消"双肩挑"的要求，食品评估中心所有业务岗位行政干部因选择专业岗位，放弃了行政职务，改任没有行政级别的业务室主任，所有行政岗位（包括：三位食品评估中心领导）上有业务职称的干部都放弃了业务职称，充分体现了食品评估中心领导班子的忠诚担当和食品评估中心广大干部的政治意识、大局意识。为此，希望国家卫生健康能考虑食品评估中心实际情况，为鼓舞食品评估中心干部干事创业的热情，更好发挥食品安全技术支撑作用，按照关于专业岗位和行政管理岗位可以实施双向转换的原则，选拔更多优秀的复合型成熟的专业干部充实到食品评估中心领导班子中来。

（四）人均绩效工资水平偏低

食品评估中心专业技术骨干流失严重，近三年离职人数约占总人数的 10%。为了聚才引智，解决专业技术人员流失严重问题，亟须提高食品评估中心人均绩效工资水平，建议由目前的人均绩效 5.8 万元/年，提升至国家卫生健康委公益一类事业单位最高限 8.4 万元/年。该项工作国家卫生健康委人事司已在帮助积极协调推进，恳请国家卫生健康继续给予关心支持。

下一步，食品评估中心将继续在国家卫生健康的正确领导下，在李斌副主任的直接指导下，进一步提高站位，坚决落实党中央、国家卫生健康委党组决策部署，奋力抓好食品安全标准、监测、评估、营养等四大核心业务；扎实筑牢舆情监测、基础研究、工作网络等三大支撑；全面加强党建和党风廉政建设、人才培养、信息化建设、内部管理等四大保障工作；努力打造国内一流、国际知名的食品安全与营养健康高端智库和技术资源中心，为保障人民群众"舌尖"安全、推动健康中国建设、实施食品安全战略、落实国民营养计划再谱新篇章，再创新佳绩，再上新高度！

在国家食品安全风险评估中心
2018 年业务工作总结大会上的讲话

国家食品安全风险评估中心主任、党委书记　卢江

一、2018 年工作情况

（一）落实党中央和国家卫生健康决策部署取得实效

深入学习贯彻习近平新时代中国特色社会主义思想和党的十九大、十九届二中、三中全会，政府工作报告、《中国共产党纪律处分条例》等会议和文件精神。扎实开展党建扶贫工作和"大学习，大调研、大落实"活动。落实国务院食安委第一次会议精神和国家卫生健康要求。研究提出《食品评估中心能力建设需求分析报告》并积极推进，目前，国家食品安全风险评估中心高层次人才队伍建设项目（简称 523 项目）预算已获得延续。

（二）风险监测网络拓宽扎紧取得新进展

风险监测网进一步织密，从国家、省、市、县延伸至乡村，监测点扩大到 2808 个；食源性疾病监测医院由 9780 家增加到 47410 家，全年监测食品样品 10.5 万份，获得数据 70.48 万条，识别核实暴发事件 5000 余起。监测数据质量和应用水平有效提升，风险监测的"侦查兵"作用进一步发挥。

（三）食品安全科普宣教和舆情监测工作进一步加强

助力健康扶贫，在四个贫困县开展科普宣教。建立食品安全舆情监测日报、周报、专报制度。为国家卫生健康委超前应对和防范食品安全事件提供了有力支撑。

（四）风险评估对食品安全管理的科学支撑作用进一步增强

认真开展 10 余项风险评估优先和应急项目评估，以及食物消费量调查、总膳食研究、毒理学研究，母乳监测等基础工作，取得丰硕的成果。风险评估的"决策参与"作用得到充分发挥，如谷氨酸盐等评估为味精的使用管理提供了科学依据。

（五）食品安全国家标准的"严谨性"明显提升

及时研究制定社会关注的"辣条""谷类辅助食品中镉""二噁英"等重点标准，启动 63 项国家标准制修订工作，同时，加强标准制定修订管理，对已发布标准的制定程序进行审查，开展标准跟踪评价与宣贯，有效落实"最严谨的标准"要求，充分发挥食品安全标准指导科学监管、促进产业发展的作用。

（六）国民营养健康工作扎实推进

参与编写《健康中国人行动计划》，推进实施《国民营养计划（2017—2030 年）》，指导地方制定实施方案。开展食物营养素健康影响评估，如加工食品中游离糖评估，为落实"三减三健"专项行动提供了科学依据。

（七）全民健康保障信息化工程食品安全建设稳步推进

统筹编制建设方案，科学制定食品安全信息编码规则，指导全系统开展食品安全信息化建设，有效促进了各项业务工作高效、融合发展。

（八）食品安全基础科学研究工作成效显著

2018 年牵头获得国家重点研发计划重点专项 4 项、课题 20 项，国家自然科学基金项目 6 项。继续开展"国家食品微生物全基因组溯源数据库"建设和污染物暴露解析等研究，为食品安全监管和食源性疾病溯源诊断提供保障。参加 WHO、FAO 等国际组织比对考核，取得优良结果。圆满完成2018 年度北区食品安全卫生保障工作。

（九）国际合作交流和人才队伍建设成效显著

"523 项目"再上新台阶，食品评估中心 1 名专家当选国际食品添加剂法典委员会主席，2 名专家入选 FAO/WHO 微生物风险评估联合专家委员会，1 名专家当选国际食品科学院院士。国际合作取得实质性进展，成立了由8 名国际顶级专家组成的第二届国际顾问专家委员会，成功举办第 50 届国际食品添加剂法典委员会会议和亚洲食品法典战略规划研讨会等国际会议，不断提升国际话语权，为国际贸易和外交大局作出积极贡献。

（十）党建和党风廉政建设取得断成效

扎实推进"两学一做"学习教育常态化，制度化，严格落实"三会一课"制度。切实落实"一岗双责"，认真落实党委主体责任和纪委监督责任，扎实推进全面从严治党，层层签订党风廉政建设责任书。驰而不息地落实八项规定和反"四风"工作要求，进一步营造风清气正的良好政治生态。

二、存在的问题和不足

一是制度建设有待进一步完善，防范化解重大风险能力有待进一步提高。二是人员编制、新址建设、科技创新等能力建设方面存在短板，各项支持政策还需进一步争取。

三、2019 年工作计划

一是坚定理想信念，加强自身建设，进一步激发食品评估中心内在动能和活力。深入学习贯彻习近平新时代中国特色社会主义思想和党的十九大精神。按照国务院食安委第一次会议精神和国家卫生健康要求，争取在人员编制、科技创新、新址选址等涉及食品评估中心长远发展的瓶颈方面有所突破。二是求真务实抓重点，突破难点促实效。奋力抓好食品安全标准、监测，评估、营养等四大核心业务。扎实筑牢舆情监测、基础研究，工作网络等三大支撑基础。全面加强党建和党风廉政建设、人才培养、信息化建设，内部管理等四大保障工作。充分发挥食品评估中心的食品安全技术权威引领作用，为全面落实国家卫生健康的决策部署作出积极贡献。

在国家食品安全风险评估中心
2018年党建工作总结大会上的讲话

国家食品安全风险评估中心主任、党委书记 卢江

2018年，在国家卫生健康委和直属机关党委正确领导和关心支持下，食品评估中心党委以习近平新时代中国特色社会主义思想为指导，以全面从严治党为主线，认真贯彻落实党的十九大和十九届二中、三中全会精神，树牢"四个意识"，坚定"四个自信"，坚决做到"两个维护"，勇于担当作为，围绕食品评估中心、服务大局，扎实推进"两学一做"学习教育常态化制度化，党建和党风廉政工作取得实效。现将工作情况报告如下。

一、2018年党建工作情况

（一）认真学习习近平新时代中国特色社会主义思想，旗帜鲜明地将党的政治建设摆在首位

1. 把深入学习宣传贯彻习近平新时代中国特色社会主义思想引向深入。食品评估中心领导班子带头学习习近平新时代中国特色社会主义思想，组织食品评估中心党员干部深入学习《习近平谈治国理政》第一卷、第二卷和《习近平新时代中国特色社会主义思想三十讲》，重点领会习近平总书记关于加强党的政治建设，作到忠诚、干净、担当，坚决贯彻落实党中央决策部署，防止和克服形式主义、官僚主义等重要指示精神，引导食品评估中心全

体党员把握习近平总书记重要讲话的核心要义和创新观点，在学深悟透、融会贯通上下功夫。一是严格落实党委理论中心组学习计划，围绕党内法规制度、脱贫攻坚等内容，认真开展学习研讨，提高政治理论素养。二是召开纪念建党97周年主题党日活动，组织党员干部参观马克思诞辰200周年主题展览、改革开放40年纪念展，深刻领悟总书记关于"不忘初心，牢记使命"的要求。三是按照中央组织部、中央宣传部的要求，深入开展"弘扬爱国奋斗精神、建功立业新时代"活动，努力把各方面优秀分子集聚起来，形成不懈奋斗、团结奋斗的生动局面。四是组织开展党建知识答题、纪念改革四十周年知识竞赛、"不忘初心，重温入党志愿书"主题学习、"践行十九大 拥抱新时代"演讲比赛、"做新时代合格党员"读书交流和"笔谈千字文"等活动，引导全体职工用习近平新时代中国特色社会主义思想武装头脑、指导实践、推动工作。

2. 政治过硬，争作"两个维护"的模范。一是维护政治核心方面。牢固树立"四个意识"，坚定四个自信，坚决维护习近平总书记党中央的核心、全党的核心地位，坚决维护以习近平同志为核心的党中央权威和集中统一领导，自觉在思想上、政治上、行动上同党中央保持高度一致，自觉强化政治责任，提高政治能力。将坚决做到"两个维护"作为政治建设的重要标准，作为食品评估中心"两学一做"常态化制度化核心内容，纳入食品评估中心党建责任制考核，作为发展党员、使用干部的第一指标。及时传达部署党中央决策部署，梳理习近平总书记关于食品安全的指示精神及落实情况，及时向国家卫生健康报告。二是强化政治纪律方面。利用"三会一课"、支部工作APP、主题辅导讲座和警示教育等多种形式，把学习和遵守党章和党内法规制度作为经常性工作来抓。针对新修订的《纪律处分条例》，食品评估中心党委、纪委通过开展专题辅导讲座、制作宣传展板、发放解读书籍、举办答题活动等多种形式进行学习宣传。食品评估中心班子成员带领干部职工严守党的政治纪律和政治规矩，做到不折不扣、令行禁止。在重大原则上与党中央保持一致，严禁妄议中央大政方针，禁止通过微博、微信等制造、散布、传播政治谣言及丑化党和国家形象的言论。制定管理办法，对以组织和个人名义发表文章、出版著作、接受媒体采访，内容涉及单位和工作的，事先须严格按照有关规定报批。通过典型案例，教育干部职工切实做到"五个必须"，坚决防止"七个有之"，做政治上的明白人和老实人。三是严肃政治生活方面。严格执行新形势下党内政治生活的若干准则，进一步规范和完善"三会一课"制度，在"三会一课"中增加党员之间相互点评频次；鼓励党课创新，如自创品牌"支部公开课"等，使党课接地气、有温度。扎实开展民主生活会、组织生活会，认真开展党员民主评议，营造批评和自我批评氛围，食品评估中心党委委员以普通党员身份参加支部活动，坚持过双重组织生活、在所在支部讲党课，切实提升食品评估中心党员素质和党组织的凝聚力、战斗力。四是防范政治风险方面。引导食品评估中心党员干部增强政治敏锐性和政治鉴别力，在防范和化解政治风险上自觉担当作为。食品评估中心承担的食品安全技术支撑职能社会关注度高、燃点低，为此，针对国家卫生健康委食品安全职责，食品评估中心建立完善了食品安全舆情监测研判制度，对食品安全监测评估和标准制定修订工作中的热点难点问题深入基层调查研究，听取社会各方意见，吸纳合理建议，严格防范舆情风险。五是塑造政治文化方面。一是坚持党建统领，把保障食品安全提高到政治高度来认识和践行，奋力抓好食品安全技术支撑工作，做到忠诚、干净、担当，营造风清气正的政治生态。二是坚持以人民为中心的发展思想，新址选址等重大决策前广泛征求党员干部意见，积极推进党内民主建设，尊重保障党员民主权利。三是进一步匡正选人用人风气。突出政治标准，注重事业为上，加强工作监督，树立正确用人导向。四是开展"两优一先"等先进评选活动，树立标杆，弘扬正气。

（二）激发党支部生机活力，切实发挥党支部战斗堡垒和党员先锋模范作用

食品评估中心党委高度重视支部建设，不断提升支部组织生活质量，在打造"五型"党支部方面迈出新步伐。食品评估中心党员人数129名，占职工总数61%，分为8个支部。2018年新发展党员1名，预备党员如期转正4名，入党积极分子5名。第一、第三、第五、第七支部组织党员和入党积极分子赴红旗渠开展红色教育实践，实地体验"自力更生、艰苦创业、团结协作、无私奉献"的红旗渠精神。第二、第三、第四党支部联合中国食品工业协会等行业组织举办主题党日活动，在途中的大巴车上召开了"不忘初心，重温入党志愿书"支部联席会议。第二、第五、第七支部联合食品评估中心青年志愿服务队开展食品安全进食堂、进社区、进幼儿园以及扶贫科普宣教活动。第六、第七、第八支部党员利用专业优势，圆满完成北区食品安全保障任务。第二、第四、第八支部参加委直属机关党委组织的"学做共享"微信群发布活动，以图文并茂的方式展示支部工作成果，得到国家卫生健康委"两学一做"活动宣传组和兄弟单位的肯定。食品评估中心各支部利用支部工作APP等新媒体方式加强政治理论学习。2018年，食品评估中心8个党支部的支部工作APP学习积分全部位居全委前30名，其中第二支部在全委567个党支部中位居第4位，政治理论学习做到了"学在日常、抓在经常"。八个党支部创新联学联做、学做共享、支部公开课和党员互相点评等活动内容和方式，围绕党建和业务工作开展学习研讨，加强党建和业务两促进、两融合，使党建活动更加贴近时代、贴近党员、贴近群众。

（三）坚持民主集中制，严格执行八项规定、坚决反对"四风"，持之以恒正风肃纪

1. 严格按照民主集中制原则议事决策。认真落实民主集中制，实行集体

领导和个人分工负责相结合，坚持科学民主依法决策，凡重点决策、干部任免、重大项目安排和大额资金使用，都坚持集体讨论研究作出决定。坚持每周一召开食品评估中心党委会、办公会，全年共召开党委会39次、办公会40次，及时学习传达贯彻中央文件精神，落实国家卫生健康委决策部署，研究推进食品评估中心重点工作任务，使民主集中制落到实处，让权力在阳光下运行。

2. 严格贯彻落实中央八项规定精神，坚决反对四风。一是通过食品评估中心领导班子会、中层干部会、党支部会，利用反腐倡廉内网、LED电子屏、宣传展板等多种载体，认真学习传达和贯彻落实中央、国家卫生健康委和驻委纪检组关于"八项规定"的相关精神；组织党员干部认真学习国家卫生健康《关于进一步贯彻落实中央八项规定精神实施办法》，系统梳理相关文件要求，制定和完善食品评估中心10余项具体落实措施。二是坚持走群众路线，夯实核心业务基础。为保障人民健康、促进社会经济发展，启动63项国家标准制定修订，并对现行的1200余项食品安全国家标准进行跟踪评价，整理分析10000余条反馈意见，组织研究后及时提供咨询建议195件；完成101项食品添加剂和190项食品相关产品新品种的受理、征求意见和技术审查；开展10余项优先食品安全风险评估项目，通过食物消费量调查夯实风险评估基础性工作，收集160余万条消费量数据，调查1.3万人。食品污染物和有害因素监测点扩大到2808个，覆盖全国95%以上的区县，全年收集审核监测样品信息10.49万个，监测数据70.48万条；承担食源性疾病监测的医院由9780家增加到62914家，报告病例128万余例，暴发6537起，风险监测"侦察兵"作用得到有效发挥。三是加强会议审批和计划管理，严控会议活动规格、规模和时间，会议计划执行率从2017年的78%提高到94%，会议数量同比减少3.5%。规范出访活动、精简文件简报，严格执行车改方案，切实有力反对"四风"，营造遵规守纪的良好氛围。

3. 深入开展"大学习、大调研、大落实"。食品评估中心党委认真按照国家卫生健康委党组要求，第一时间组织制订《食品评估中心"大学习、大调研、大落实"实施方案》并迅速推动落实。一是坚持"大学习"。组织好党员干部参加国家卫生健康委举办的十九大精神轮训和党校集中学习，认真指导各支部制定学习计划，创新学习方式，提高学习效果。二是开展"大调研"。由食品评估中心党委牵头，班子成员带队，组成4个调研组，赴吉林、贵州、内蒙古、广东等省份，深入基层了解食品安全技术支撑工作中存在的问题和困难，研究提出切实可行的解决方案，形成了高质量调研报告。同时，食品评估中心各部门针对存在的问题开展调研，广泛征求基层和职工意见，完善工作规范和流程。三是聚力"大落实"。强化责任制，建立督查台账，完善督办制度，"严"字当头、"实"字托底，以好的作风带动党风政风和工作效率持续改进和落地落实。四是狠抓党建扶贫工作。多次召开党委会部署脱贫攻坚工作，与食品司、项目监管中心组成帮扶团队，赴陕西榆林子洲县与张家砭村村委对接，实地了解扶贫需求，签署帮扶协议，食品评估中心提供15万元帮助村里新建党建阵地和文化活动室；同时与国家卫生健康委对口帮扶的4个贫困县进行沟通，启动食品安全科普扶贫工程，拨付项目资金20万元，促进扶贫工作有效落实、取得实绩。

（四）深化标本兼治，以务实举措压紧压实党风廉政建设的主体责任

食品评估中心党委深刻认识落实党风廉政建设主体责任的重要性和必要性，压紧压实党风廉政工作责任，持之以恒正风肃纪。一是根据新形势、新要求，制定食品评估中心2018年党建和纪检工作要点，党委主要负责人与分管领导、各支部和各部门逐级签订党风廉政建设责任书，明确一岗双责，逐项落实分管和督导责任，定期检查落实情况。二是进一步规范权力运行机制建设，对《权力明晰表》和《权力运行流程图》进行修改完善。要求各A级权力部门张贴《权力运行框架图》，使干部职工时刻牢记关键岗位风险

防控职责，主动接受广大干部群众监督。三是开展党风廉政建设责任制落实情况自查工作，建立健全党建督查机制，由食品评估中心纪委委员、各党支部委员组成督查组，在检查工作落实情况的同时，及时发现典型，促进交流学习，不断夯实支部党建和党风廉政工作基础。四是通过警示教育大会、廉政党课、节日廉政提醒、廉政主题参观、布置廉政文化墙、悬挂廉政警示标语等活动，引导全体党员干部严明党的政治纪律和政治规矩，增强党员干部组织观念和纪律观念。

（五）坚持党管干部，铸牢人才队伍建设的"根"和"魂"，建设高素质专业化干部队伍建设取得新进展

1. 始终坚持党管干部原则。一是党委严格按照中央有关条例规定和国家卫生健康委干部人事管理办法要求，坚持好干部标准，严把选人用人程序和干部在政治方面特别是在关键时刻、重大关头考验中的具体表现，对干部政治表现作出定性判断。二是作好个人有关事项报告填报、抽查工作，发挥个人事项报告制度"试金石"作用。三是由纪检监察部门全程监督干部选拔任用工作，及时与新任职干部开展廉政谈话，作好廉政风险提醒。全年选拔任用2名正处级干部和4名业务科室正、副主任，轮岗交流7名处级干部和2名业务科室负责人，招聘6名新职工，新选拔任用的干部在现任工作岗位上得到食品评估中心广大职工认可，未发现任何违规违纪行为。

2. 依托国务院批复的"523"人才发展项目，升级专业团队能力。通过人才引进与专业技术团队建设，不断凝练科研方向，引领专业发展，加速一大批青年人才成长，扩大了食品评估中心国内外影响力，干部人才队伍建设取得实效。通过1期项目实施，共引进4名高端人才和8名学术领军人才，内部培养1名国际食品添加剂法典委员会主席，4名联合国粮农组织/世界卫生组织食品添加剂专家委员会专家，2名国际食品微生物风险评估专家委员会委员，1人入选国际食品科学院院士，1人入选国家百千万人才工程，4人

获得国家卫生健康委突出贡献中青年专家称号，5人享受国务院政府特殊津贴。在国家卫生健康委和有关司局的支持和推动下，实现项目滚动发展。

（六）坚持寓教于乐，用丰富多彩的群团活动凝聚职工精气神，食品评估中心凝聚力和向心力进一步增强

1. 开展形式多样的群团活动。2018年积极开展健康体检、主题观影、登山健步走、"妇女节"等主题活动；积极参加国家卫生健康委机关"根在基层"实践调研和演讲比赛。开展"青年大学习"行动，组织青年专家走进百姓身边，通过讲座、体验课堂、健康咨询等方式，大力宣传食品安全和营养知识。食品评估中心志愿服务队在中央国家机关精神文明创建活动中获得"第三届首都学雷锋志愿服务岗"称号，检定食品评估中心微生物实验室获得"全国青年安全生产示范岗"称号。

2. 保障职工权益，做好走访慰问。积极开展关爱职工送温暖活动，组织看望困难老党员、生病住院职工、产妇30余人次。全年开展职工节日慰问及其他文体活动10余次，人均福利大幅度提高。主动关心困难职工，申报中央国家机关困难职工补助11人次，将普遍谈心工作融入日常，及时了解职工需求，帮助职工解除工作和生活后顾之忧，不断增强职工获得感。

二、存在问题及原因分析

（一）理论武装和政治学习的系统性、自觉性有待进一步增强

有的党员干部对理论武装和政治学习的重要性认识还不足，理论学习存在碎片化、机械化问题，在知行合一上着力不够，对一些重要、敏感问题鉴别能力还不够强，不善于从政治高度去认识和分析问题。

（二）干部人才队伍建设需要进一步完善和加强

目前党委管干部、党委委员仅有4名，需要在国家卫生健康委和机关党

委的领导和支持下，尽快结合党委换届，调整充实党委委员，亟待选拔更多优秀的复合型成熟的专业干部充实到中心领导班子中来。

（三）人员编制及能力建设方面存在短板，各项支持政策还需进一步争取

食品评估中心人员编制已不能很好地满足履职需要（每项工作的人员配置不足，是国外有关机构从事同类相关工作人员的 1/5 到 1/10 不等）。针对编制短缺问题，新一届食安委和国家卫生健康委党组专门听取汇报，并给予了极大关注。下一步，食品评估中心将继续在食安委和国家卫生健康委党组的关心支持下，积极协调推动编制问题的解决。

三、2019 年工作计划打算

（一）持续深入学习贯彻习近平新时代中国特色社会主义思想和党的十九大精神，不断提高政治站位

用习近平新时代中国特色社会主义思想武装头脑、指导实践、推动工作，带领食品评估中心党员干部牢固树立"四个意识"、坚定"四个自信"，坚决做到"两个维护"。继续深化"两学一做"学习教育常态化制度化，扎实开展"不忘初心、牢记使命"等主题教育，坚持用党章党规规范党组织和党员行为，坚持学思践悟、知行合一，坚持全覆盖、常态化、重创新、求实效，不断增强党内政治生活的政治性、时代性、原则性、战斗性。

（二）建章立制，开拓创新，推动党建和业务工作深度融合

坚持民主集中制，决策透明、公开。持续推进规章制度和工作程序的健全完善工作，建立健全考核督办机制，狠抓制度落地落实，充分发挥食品评估中心党委主体作用，发挥支部战斗堡垒和党员先锋模范作用，始终坚持党

建工作与业务工作统筹谋划、共同推进。进一步探索党建扶贫新路子，为脱贫攻坚工作提供强有力的经费保障和人才支撑。

（三）继续加强党风廉政建设，驰而不息贯彻执行"八项规定"，持之以恒反"四风"

认真学习贯彻党的十九大精神，进一步加强党的领导，认真落实意识形态工作责任制。进一步强化党委主体责任和纪委监督责任，严格执行中央八项规定精神，加强对党员日常管理监督，切实防范廉政风险。

（四）建设一支又红又专干部人才队伍，推进服务型党组织建设

坚持党管干部原则，突出政治标准，严格按照好干部标准配齐配强干部。作好党委换届和支部换届工作，强化支部组织建设。进一步加大优秀青年干部选拔培养力度，推动干部职工轮岗交流，优化人员结构，以适应食品安全技术支撑事业发展新需求。推进服务型党组织建设，发挥工青妇等群团组织联系、服务群众的桥梁和纽带作用，争创"模范单位"。

2019年，食品评估中心党委将坚定理想信念，加强自身建设，进一步激发食品评估中心内在动能和活力，深入学习贯彻习近平新时代中国特色社会主义思想和党的十九大精神，坚决落实全面从严治党要求，奋力抓好食品安全标准、监测、评估、营养等四大核心业务，扎实筑牢舆情监测、基础研究、工作网络等三大支撑，全面加强党建和党风廉政建设、人才培养、信息化建设、内部管理等四大保障工作，努力打造国内一流、国际知名的食品安全与营养健康高端智库和技术资源中心，为保障人民群众"舌尖"安全，推动健康中国建设、实施食品安全战略、落实国民营养计划再谱新篇章，再创新佳绩，再上新高度！

第二部分　业务工作

食品安全风险监测工作

食品评估中心作为食品安全风险监测工作的技术龙头，协助上级主管部门研究制定国家食品安全风险监测计划、质量控制方案和实施指南，对监测数据进行收集、汇总、审核与研判分析，编制全国食品安全风险监测报告，对了解全国的食品安全状况，掌握食源性疾病和食品污染的发展规律起到了重要作用，为食品安全风险评估、食品安全标准制修订、食品安全科学监管提供重要的技术支撑。

一、组织开展 2018 年国家食品污染物及有害因素监测工作

根据 2018 年国家食品污染物及有害因素监测计划，组织编写《食品污染物及有害因素监测工作手册》，开展相关培训和分析质量考核工作，承担对全国监测工作的技术指导与咨询工作；在对监测数据进行严格审核、复核的基础上，针对监测发现的食品安全隐患，经会商和研判后及时报告；定期汇总分析监测信息，应对食品安全舆情，编制阶段性和年度全国食品安全风险监测报告，科学评价我国食品安全整体状况，为食品安全风险评估、食品安全标准制修订和食品安全科学监管提供重要的基础数据，在防范食品安全系统性风险方面发挥积极、有效的作用。

食品污染物及有害因素监测工作在 31 个省（自治区、直辖市）和新疆生产建设兵团全面展开，全国共设置监测点 2822 个，占全国县区数量的98.98%，对 13.5 万份样品进行监测，获得 98.7 万个监测数据。化学监测的样品涵盖种植养殖环节、流通环节和餐饮环节等，其中采自流通环节的样品占样品总量的 95.2%。微生物监测的样品主要采自流通环节和餐饮环节，其中流通环节的样品占样品总量的 77.1%，采自餐饮环节的样品占样品总量

的 10.2％。

与 2017 年相比，在化学污染物和有害因素监测方面新增了采用高通量技术开展水生蔬菜中多元素，小粒水果、猪肉和鸡肉中农药残留多组分，竹木制品中五氯酚钠，狗肉中可能导致中毒物质等 23 个食品项目组合，新增项目占全部项目的 10.53％；微生物及其致病因子监测方面新增了两栖和爬行、螺类中微生物，生鲜猪肉中猪带绦虫囊尾蚴等 3 个食品项目组合，新增项目占全部项目的 6.25％。还特别尝试开展了活鸡中抗生素残留和抗生素敏感性实验联合监测等。

（一）监测工作质量控制

根据 2018 年监测计划编制化学和微生物监测工作手册和质量控制要求，统一采样、检验方法和技术要求。针对 2018 年监测计划、以往工作中存在的技术问题和新项目检测方法，组织 6 次国家级技术培训，培训学员 350 余人，培训内容主要包括监测数据上报和相关检验技术，各省对本省监测技术机构进行系统培训和质控考核，保障了 2018 年工作的顺利开展。监测数据均经过地市、省和国家级三级审核，对存在疑问或异常的数据进行核实，对问题样品进行复检确认。

（二）监测数据上报系统维护、数据审核与管理

为进一步完善食品安全风险监测数据库使用功能，保证统计分析的需要，邀请来自省级疾病预防控制机构的专家和相关技术人员，召开监测系统和数据上报研讨会，就使用需求、修改事项以及完善意见进行深入探讨，把发现的问题及时向食品评估中心信息技术部反馈并督促维护完成，为国家食品安全风险监测数据的上报、审核和统计分析顺利开展提供技术保障。

食品化学污染物和有害因素监测对特殊膳食用食品、谷物及其制品、蔬菜及其制品、肉与肉制品、水产动物及其制品、蛋及蛋制品、水果及其

制品、饮料类、茶及茶制品、食用菌及其制品、酒类、植物油及其制品、坚果及籽类、焙烤食品、乳及乳制品、调味品、食品接触材料等 18 类 282 种食品进行监测，涉及元素、农药、有机污染物、生物毒素、非食用物质、加工贮藏过程中产生污染物、食品添加剂、兽药及禁用药物、食品接触材料污染物等 835 项化学指标。共监测 6.9 万份监测样品，获得 70.7 万个监测数据，其中，农药 35.5 万个，兽药 10.8 万个，元素 8.6 万个，禁用药物 3.9 万个，生物毒素 6.5 万个，有机污染物 1.8 万个，食品接触材料污染物 2.2 万个，食品加工贮藏过程产生的污染物 0.4 万个，食品添加剂 0.7 万个。

食品微生物及其致病因子监测对特殊膳食用食品、肉及肉制品、水产及其制品、两栖及爬行类、蛋及蛋制品、焙烤及油炸类食品、冷冻饮品、坚果与籽类制品、调味品、餐饮食品、乳与乳制品等 11 类 338 种食品进行监测，涉及食源性致病菌、卫生指示菌、寄生虫、病毒共计 32 项指标，监测 6.6 万份监测样品，共获得监测数据 28.0 万个，其中，食源性致病菌 20.4 万个，卫生指示菌 6.4 万个，寄生虫 0.6 万个，病毒 0.6 万个。

（三）监测报告撰写

1. 撰写 19 份食品安全隐患分析报告

在数据审核过程中，对食品安全隐患苗头进行分析，及时撰写问题报告，提出预警建议。2018 年共完成 19 份食品安全隐患专题分析报告并上报国家卫生健康委食品司。农业农村部、国家市场监管总局等部门根据国家卫生健康委提供的线索采取措施控制事态发展。此外，根据 2018 年监测计划实施过程中发现的风险隐患及时撰写半年度和季度报告各 1 份。

2. 撰写 2018 年度国家食品安全风险监测技术报告

为了更清晰、全面地分析利用不同污染物的监测数据，经讨论，采用以专题报告的形式对监测结果进行总结和分析，每一个专题报告自成体系，确保报告内容的科学和规范。

化学污染物和有害因素监测方面，分为元素类、有机污染物、生物毒素、农药残留、食品添加剂、兽药残留、禁用药物、加工贮藏过程产生污染物、杨梅中农药残留多组分筛选分析报告和食品接触材料污染物10类专题，共撰写10份专题技术报告。

微生物及其致病因子监测方面，共完成18份风险监测技术报告，以一类监测食品为一个专题，使报告突出体现某一类食品中微生物污染状况。具体包括特殊膳食用食品、肉及肉制品、水产及其制品、两栖及爬行类、蛋及蛋制品、焙烤及油炸类食品、冷冻饮品、坚果与籽类制品、调味品9份常规食品的监测报告，以及乳制品加工过程监测、含乳冷冻饮品生产加工过程监测、生鲜猪肉中的寄生虫监测、淡水鱼养殖环节中常见弧菌监测、淡水鱼养殖、销售和餐饮环节寄生虫监测、鲜、活海鱼中寄生虫监测、熟肉制品菌相分析、花生酱和芝麻酱菌相分析、外卖配送餐等9份专项监测报告。

在28份专题技术报告的基础上，撰写完成2018年国家食品安全风险监测技术报告摘要。组织召开专家论证会，综合各方面的意见和建议，对上述材料进行多次修改。

（四）生产过程监测

1. 乳制品加工过程专项监测

针对监测发现乳制品中微生物污染问题开展连续三年加工过程监测，以掌握我国乳制品加工过程卫生控制水平。在黑龙江、浙江、江西、湖北、陕西、甘肃6省的8家巴氏杀菌乳、6家婴儿配方羊乳粉、4家发酵乳和1家调制乳粉生产企业采集原辅料、中间产品、终产品及生产过程环境、人员、仪器、包装等样品开展监测。通过监测发现：（1）婴儿配方羊奶粉企业对生产环境卫生状况的控制不佳，个别企业加工过程中肠杆菌科和阪崎肠杆菌污染水平较高，对终产品的质量存在隐患；（2）巴氏杀菌乳和发酵乳的生产用水存在较严重的不合格情况，加工环境中肠杆菌科普遍存在。

2. 含乳冷冻饮品加工过程专项监测

美国"蓝铃冰淇淋"事件被报道后，污染单核细胞增生李斯特氏菌的冰淇淋导致死亡的报道引起对含乳冷冻饮品中该菌的关注。针对以往监测发现的冷冻饮品中单核细胞增生李斯特氏菌污染问题，自 2016 年起开展连续三年加工过程专项监测，以确定产品的污染原因。在内蒙古、黑龙江和河北等 9 省（自治区、直辖市）的 30 家企业采集原辅料、中间产品、终产品、环境、人员、仪器、包装等共 3369 份。监测结果显示：（1）主要原辅料的总体卫生状况较好，但部分企业生产用水菌落总数结果高于生活饮用水卫生标准；（2）不同企业在加工过程微生物控制方面差异较大，大型企业的卫生状况普遍较好，中小企业生产车间的不同区域间无有效隔离设施和措施，存在操作不规范、自动化程度较低、人员卫生意识不足等问题，容易造成交叉污染；（3）不同企业同时存在排水口/地漏、踏步梯的台阶、地面、人员鞋底、清洁工具等比较集中的高风险点，需要作为日常监测的重点；（4）单核细胞增生李斯特氏菌和沙门氏菌 PFGE 溯源分析显示，个别企业存在相同带型的优势菌株，在生产环境中长期存在，可导致终产品的污染，应加强消毒和管理。

3. 淡水鱼养殖环节中常见弧菌监测

在河北、福建、山东等 6 省的淡水鱼养殖场，共采集 1658 份样品，包括淡水鱼、水体、水底沉积物、饲料、鱼苗、水藻等，开展养殖过程常见弧菌的检测。检出副溶血性弧菌、创伤弧菌、溶藻弧菌、河弧菌等嗜盐性弧菌，但检出率远低于流通和餐饮环节的结果，推测流通和餐饮环节存在淡水鱼和海水鱼交叉混养，导致嗜盐性弧菌的检出率升高。霍乱弧菌检出率远高于副溶血性弧菌、溶藻弧菌等嗜盐性弧菌的结果，可能与养殖场存在粪便污染，而且该菌为适宜淡水生存的非嗜盐性弧菌有关。监测结果显示：淡水养殖环节存在嗜盐性弧菌和霍乱弧菌污染，应加强养殖场的卫生控制，关注鱼苗的带菌情况，从源头降低弧菌污染。

二、组织开展 2018 年食源性疾病监测工作

根据国家卫生健康委等六部委《关于印发 2018 年国家食品安全风险监测计划的通知》要求，食品评估中心组织并完成了 2018 年国家食源性疾病监测工作。2018 年食源性疾病监测范围逐步延伸到社区卫生服务中心和乡镇卫生院，全国 31 个省（自治区、直辖市）和新疆生产建设兵团的 3241 家疾病预防控制机构和 62914 家与食源性疾病诊疗有关的医疗机构参与食源性疾病监测报告工作。监测内容包括病例监测、暴发监测、分子分型监测、耐药性监测、专项监测。根据监测结果，起草组织完成提交《2017 年食源性疾病监测结果分析报告》和 3 份《食源性疾病暴发监测季度报告》；组织完成《关于沙门氏菌耐药监测有关情况的报告》《2016—2017 年畜禽水产品来源沙门氏菌耐药监测结果分析报告》《2010—2017 年我国食源性疾病监测情况报告》《2010—2017 年餐饮业食源性疾病事件监测结果分析报告》（《2018 年 1—9 月全国食源性疾病暴发监测报告》《2018 年 1—10 月全国食源性疾病暴发监测报告》）《关于注药注水肉相关食源性疾病监测情况的报告》等技术报告。参加国家卫生健康委组织的食品安全风险会商 3 次，代表食品司通报监测结果 3 次。

为提高监测工作质量，组织完成全国食源性疾病监测与流行病学调查（2 期）、全国食源性疾病监测报告系统培训班、全国食源性疾病分子溯源网络（2 期）等技术培训 5 期，共培训省级骨干 500 余人，满意率 90％；举办第四届食源性疾病监测技术国际交流和培训活动，来自中国、美国、丹麦的 60 余名专家和技术骨干参加。另外，参加国家卫生健康委组织的营养扶贫启动会暨食品安全宣传周主题日活动，代表食品评估中心做《食源性疾病暴发监测结果分析》主题演讲。承担 10 个省的食源性疾病监测技术培训授课任务。参加国家卫生计生委食品司和食品评估中心组织的现场调研、督导 10 余人次。

（一）食源性疾病暴发监测

2018 年，全国共报告食源性疾病暴发事件 6537 起，发病人数 41750 人，死亡 135 人。与 2017 年比较，事件数增加 27.13％，发病人数增加 19.35％，死亡人数减少 14.56％。发生在餐饮服务场所的食源性疾病暴发事件报告起数、发病人数最多，分别占总报告起数和发病总人数的 54.86％、73.98％；发生在家庭的食源性疾病暴发事件死亡人数最多，占死亡总人数的 80.00％。

2018 年，全国共报告微生物性食源性疾病暴发事件 816 起，发病 12226 人，死亡 8 人。发病高峰为 6—9 月。其中，副溶血性弧菌、沙门氏菌、金黄色葡萄球菌及其肠毒素、蜡样芽孢杆菌和致泻大肠埃希氏菌引起的报告事件起数分别占微生物性事件总报告起数的 32.84％、27.45％、11.40％、6.86％ 和 6.50％。原因食品主要为肉类食品（18.63％）、水产食品（15.07％）、蛋类食品（5.51％）、面米食品（5.15％）和糕点类食品（4.29％）。引发因素主要为生熟交叉污染、原料污染或变质、储存不当等。

2018 年，全国共报告化学性暴发事件 203 起，发病 1291 人，死亡 29 人。以亚硝酸盐、农药和工业酒精中毒为主。引发因素主要为违规使用、残留、误用误食等。

2018 年，全国共报告有毒动植物性中毒事件 912 起，发病 5138 人，死亡 37 人，发病高峰为 5—11 月。主要发生在西南、华东和华北地区，其中云南、山东、贵州、四川和湖南 5 省的事件数占总数的 60.42％。主要包括菜豆（未煮熟）、乌头碱、钩吻碱、桐子酸和河鲀毒素等有毒动植物及毒素。引发因素主要为加工不当、误食等。

2018 年，全国共报告毒蘑菇中毒事件 1643 起，发病 6070 人，死亡 51 人。主要以西南、华中、华东和华南地区为主，其中云南、湖南、贵州、四川 4 省的事件数占总数的 71.45％。发病高峰为 5—10 月。引发因素主要为误食。湖南、云南对预防毒蘑菇中毒的宣传力度加大，以及对毒蘑菇的鉴别能力增强，中毒的及时救治率提高，2省毒蘑菇中毒死亡人数较去年分别下降67.74％和58.97％。

（二）食源性疾病病例监测

2018年共监测符合病例定义的病人1283775例，比2017年增加了413654例，1263191例监测病例自诉了可疑暴露食品信息，占总监测病例数的98.4％，共计收集1339510份暴露食品信息。监测病例的年龄分布集中在25岁～64岁之间，占总监测病例数的53.68％，婴幼儿（0岁～3岁）病例占11.85％。14岁以下的病例，男性病例多于女性，14岁以上病例，女性病例多于男性。按照职业分析，农民的病例数最多，占总监测病例数的38.94％，其次是儿童（包括散居儿童和托幼儿童）和学生，分别占14.81％和11.77％；牧民和渔民的病例数最少，分别占0.13％和0.04％。按照时间分析，报告发病时间主要集中在6—9月。

通过对进食人数、进食地点、进食时间、购买地点、食品名称等监测信息进行汇总分析，在自诉可疑暴露食品信息的病人中进行聚集性病例识别，共识别15223起疑似暴发事件，发病人数为58621例。

（三）食源性疾病主动监测

2018年全国共设置695家哨点医院进行特定病原体监测，共采集136675份病例生物标本，病原体的总检出率为13.81％，比2017年提高1.23％，各省检出率范围为0.74％～25.14％。其中，沙门氏菌、志贺氏菌、副溶血性弧菌、致泻大肠埃希氏菌和诺如病毒的平均检出率分别为4.85％、0.32％、2.31％、2.85％和6.42％。连续监测发现，沙门氏菌、致泻大肠埃希氏菌等病原体的检出率逐年升高。

沙门氏菌分离株的血清型分布中鼠伤寒沙门氏菌及其变种最多（39.57％），其次为肠炎沙门氏菌（22.30％），东北和华北地区肠炎沙门氏菌为第一位，其余地区以鼠伤寒沙门氏菌为第一位，副伤寒和伤寒沙门氏菌是西北和西南地区的优势血清型之一。志贺氏菌分离株中福氏志贺氏菌最多（62.87％），其次为宋内志贺氏菌（33.92％）；副溶血性弧菌分离株中 O3 群最多（65.03％），其次为 O4 群（41.54％）；致泻大肠埃希氏菌分离株中黏附性大肠埃希氏菌最多（44.69％），其次为产肠毒素大肠埃希氏菌（29.00％）。沙门氏菌、志贺氏菌、副溶血性弧菌、致泻大肠埃希氏菌 4 种致病菌在夏秋季节检出率较高，诺如病毒在春冬季节检出率较高。

（四）专项监测

2018 年 11 省（市）的哨点医院开展了单增李斯特氏菌感染病例专项监测，共监测到阳性病例 99 人。其中，围产期病例 49 例，包括 14 例流产/死胎，21 例存活或治愈，14 例失访，围产期病例病死率为 40.00％（14/35）；非围产期病例 50 例，包括中枢神经系统感染、败血症、上呼吸道感染、肝功能损伤、恶性肿瘤、系统性红斑狼疮及罹患免疫性疾病的病人和患基础性疾病的老年人，其中 5 例死亡，13 例治愈/好转，32 例失访，非围产期病死率为 27.78％（5/18）。

（五）食源性致病菌耐药监测

1. 沙门氏菌耐药监测结果分析

2018 年，全国对 5946 株沙门氏菌分离株进行耐药监测，其中病人来源 5340 株，食品来源 606 株。病人来源的沙门氏菌分离株耐受至少 1 种抗生素的菌株共 4673 株，占 87.51％，其中，耐受 3 类及以上抗生素的多重耐药株为 3592 株，多重耐药率为 67.27％。食品来源的沙门氏菌分离株耐受至少 1 种抗生素的菌株共 384 株，占 63.37％，其中，耐受 3 类及以上抗生素的多重耐药株为 232 株，多重耐药率为 38.28％。

对 229 株 41 种血清型的沙门氏菌分离株进行全基因测序，对耐药基因携带情况进行分析，结果表明，我国沙门氏菌耐药基因种类丰富。其中，氨苄西林耐药表型阳性菌株携带 27 种已知耐药基因，氨苄西林/舒巴坦耐药表型阳性菌株携带 5 种已知耐药基因，头孢西丁耐药表型阳性菌株携带 3 种已知耐药基因，头孢他啶耐药表型阳性菌株携带 8 种已知耐药基因，头孢噻肟耐药表型阳性菌株携带 11 种已知耐药基因，环丙沙星耐药表型阳性菌株携带 11 种已知耐药基因，萘啶酸耐药表型阳性菌株携带 1 种已知耐药基因，庆大霉素耐药表型阳性菌株携带 11 种已知耐药基因，氯霉素耐药表型阳性菌株携带 6 种已知耐药基因，四环素耐药表型阳性菌株携带 10 种已知耐药基因，阿奇霉素耐药表型阳性菌株携带 3 种已知耐药基因，甲氧苄啶/磺胺甲噁唑耐药表型阳性菌株携带 42 种已知甲氧苄啶/磺胺甲噁唑耐药基因组合。

2. 致泻大肠埃希氏菌耐药监测结果分析

2018 年全国对 1547 株致泻大肠埃希氏菌分离株进行耐药监测，其中病人来源 1399 株，食品来源 148 株。病人来源的致泻大肠埃希氏菌分离株耐受至少 1 种抗生素的菌株共 1269 株，占 90.71%。其中，耐受 3 类及以上抗生素的多重耐药株为 912 株，多重耐药率为 65.19%。食品来源的致泻大肠埃希氏菌分离株耐受至少 1 种抗生素的菌株共 133 株，占 89.86%。其中，耐受 3 类及以上抗生素的多重耐药株为 102 株，多重耐药率为 68.92%。

（六）食源性致病菌分子分型监测

2018 年"国家食源性疾病分子溯源网络（TraNet）"在 31 个省（自治区、直辖市）和新疆生产建设兵团共设置 173 个监测点，包括 32 个省级疾控中心和 141 个地市级疾控中心。完成了 5 种食源性致病菌全基因组数据库、全基因组数据云计算引擎、全基因组原始数据存储云盘的建设，及 TraNet 数据库结构及功能插件的升级工作，目前实现了基于 PFGE 和全基因组测序的国家-省-地市三级食源性疾病的溯源网络及耐药监测网络。2018 年共收到 11023 条菌株信息，比 2017 年增加 4.00%，其中上报 PFGE 实验图谱的菌株数共 7274 条，比 2017 年增长 1.63%，其中，沙门氏菌最多，占总 PFGE 数据量的 77.31%，其次为致泻大肠埃希氏菌，占 8.89%。

2018 年对 7000 株鼠伤寒沙门氏菌 PFGE 谱型进行分析，获得 2498 个 XbaⅠ酶切谱型，每种谱型菌株数量在 1～377 株之间，每种谱型菌株来自 1～24 个省份之间。JPXX01.CN0070、JPXX01.CN0231、JPXX01.CN0010 和 JPXX01.CN0084 为优势谱型，JPXX01.CN0231 和 JPXX01.CN0015 分布省份最多，在 17 个省份检出。对 2018 年分离的鼠伤寒沙门氏菌进行聚集性病例识别，以 14 天内出现 2 例或以上谱型相同的病例为判定标准，共识别 180 起疑似聚集，发病 647 人。

2018 年对 4584 株肠炎沙门氏菌的 PFGE 谱型进行分析，获得 585 个 XbaⅠ酶切谱型，每种谱型菌株数量在 1～1008 株之间，每种谱型菌株来自 1～31 个省份之间。JEGX01.CN0002、JEGX01.CN0003、JEGX01.CN0001 和 JEGX01.CN0104 为优势谱型，均在 20 个及以上省份出现，占总数的 62.20%。对 2018 年分离的肠炎沙门氏菌进行聚集性病例识别，以 14 天内出现 2 例或以上谱型相同的病例为判定标准，共识别 93 起疑似聚集，发病 938 人。

2018 年完成病人和即食食品来源单核细胞增生李斯特氏菌种群结构分布特征，掌握我国单核细胞增生李斯特氏菌污染及流行特点，建立了基于全基因组测序技术的标准化溯源分析框架及命名体系，为我国单核细胞增生李斯特氏菌暴发识别提供技术支持。

（七）风险提示

1. 致病微生物污染依然是重要食品安全问题

2018 年监测结果表明，与发达国家一样，致病微生物污染仍然是我国重要的食品安全问题。在已明确致病因子的食源性疾病暴发事件和病例中，副溶血性弧菌、沙门氏菌、金黄色葡萄球菌及其毒素、蜡样芽孢杆菌、致泻大肠埃希氏菌和诺如病毒等致病微生物引起的发病人数最多，占总数的43.92％。其中，导致发病人数较多的食品—病原组合包括被副溶血性弧菌污染的动物性海产品，被沙门氏菌污染的肉类和蛋类食品，被金黄色葡萄球菌污染的肉类食品，被蜡样芽孢杆菌污染的面米食品等。

2. 我国沿海地区水产品中副溶血性弧菌污染引起的暴发事件居高不下

2010—2018 年连续监测结果显示，无论是发生起数还是发病人数，副溶血性弧菌都是我国微生物性食源性疾病暴发的第一位，主要发生在我国东部沿海地区，原因食品主要包括虾、鱼等动物性海产品。我国每年副溶血性弧菌暴发事件发生率远高于欧盟、美国等国家，这与我国动物性海产品主要以近海养殖为主，而副溶血性弧菌广泛存在于近岸海水中，近海养殖的鱼、贝类自然带菌率可达 40％～50％。

3. 食源性单核细胞增生李斯特氏菌感染对孕妇具有较高的健康风险

2013—2018 年我国 12 个省（市）的 78 家哨点医院共监测阳性病例 307例，其中围产期病人 184 例。美国估计单核细胞增生李斯特氏菌感染发病率为 2.4/100 万，每年新发 1600 例，每年导致约 260 人死亡；欧盟年发病率估计为 0.1/100 万～11.3/100 万，每年新发 1500 例。考虑到我国人口基数及放开二孩政策后孕妇数量的增加，估计我国每年的感染人数要高于发达国家，需要引起足够重视。

4. 餐饮服务单位食品安全操作不规范是食源性疾病暴发的主要原因

2018 年监测结果表明，发生在餐饮服务场所的暴发事件数和发病人数最多，分别占总数的 54.86％、73.98％。其中，宾馆饭店和集体食堂等集体供餐场所的食品加工不当是引起暴发的常见原因，主要包括加工制作过程的原料污染、生熟交叉污染及未彻底蒸熟煮透等。另外，还应高度关注网络送餐和农村宴席等新型餐饮模式的食品安全问题，2018 年由送餐引起的暴发事件126 起，比 2017 年增加了 39 起，其中，发生在学校（包括幼儿园）的 35

起，2 起的发病人数均超过 50 人，主要原因是食品店制备三明治的原料被沙门氏菌污染引起；农村宴席暴发事件的主要原因是虾和鱼被副溶血性弧菌污染以及酱卤肉类被沙门氏菌、副溶血性弧菌和金黄色葡萄球菌及毒素污染所致，其次是误食有毒蘑菇和乌头加工不当，误食工业酒精造成的死亡是农村宴席的主要死亡原因。

5. 违规使用亚硝酸盐和蔬菜中农药残留是引起化学性食源性疾病暴发的主要原因

2010—2018 年连续监测结果显示，我国化学性食源性疾病暴发主要由亚硝酸盐和农药引起。亚硝酸盐引起的暴发事件数 2018 年首次出现下降，发生在餐饮服务单位的为 48 起，比 2017 年减少了 12 起，但由其引起的事件数仍占到化学性事件总数的 52.71%，依然不能掉以轻心。另外，蔬菜中有机磷类和氨基甲酸酯类农药残留也是引起化学性食源性疾病的主要原因。

6. 采食毒蘑菇和使用乌头（附子或附片）、断肠草制备药膳食品是引起死亡的主要原因

受传统饮食和药食同源文化的影响，我国部分地区有采食野生蘑菇和使用中药材炮制药膳食品的习惯，但因误食和炮制不当引起的中毒事件也不容忽视。2010—2018 年连续监测结果显示，毒蘑菇中毒呈明显上升和全国蔓延的趋势。2018 年报告的省份达到 27 个省（自治区、直辖市）和新疆建设兵团，死亡人数占总数的 37.78%。另外，家庭用乌头（附子或附片）制备药酒或肉制品时炮制不当引发的死亡人数占有毒植物及其毒素死亡人数的 45.95%，用断肠草制备药酒造成的死亡占 29.73%。

7. 河鲀毒素中毒风险需要持续关注

2018 年 13 省（自治区、直辖市）共报告河鲀毒素中毒病例 134 例，比 2017 年增加 8 例，虽然大部分病例以轻微中毒症状为主，但 2016 年原农业部和原国家食品药品监管总局联合发布了《关于有条件放开养殖红鳍东方鲀和养殖暗纹东方鲀加工经营的通知》，为了评估由此带来的潜在风险，还是

应该继续加强对河鲀毒素中毒病例和事件的监测，重点对进食场所和进食河鲀鱼种类进行调查。

8. 食源性致病菌耐药和多重耐药程度严重

2018年监测结果表明，我国病人来源沙门氏菌、病人和食品来源致泻大肠埃希氏菌分离株的耐药率超过 80.00%，多重耐药率超过 60.00%，高于发达国家的耐药水平，特别是对三代头孢和氟喹诺酮类等临床抗感染的一线药物耐药性的产生应引起高度关注。全基因测序数据分析结果显示我国沙门氏菌分离株的耐药基因种类丰富。

三、组织制定 2019 年国家食品安全风险监测计划

按照《中华人民共和国食品安全法》简称《食品安全法》及其实施条例的规定和国务院食品安全相关部门"三定方案"中对于监测工作的职责分工，以食品安全风险评估、标准制定和修订、发现系统性食品安全风险为导向，起草了《2019年国家食品安全风险监测计划》（简称《计划》）草案。经卫生、工信、商务、工商、市场局和粮食等多部门专家及省级疾病预防控制机构的专家进行多次研讨，在综合各部门意见的基础上对《计划》草稿进行修改审定，上报国家卫生健康委。

与2018年相比，《计划》中连续监测项目占 66.8%，风险评估项目占 12.2%，标准制修订项目占 19.7%，新项目占 14.4%，与以往相比，除保留原相关探索性监测项目外，还增加贫困地区健康扶贫项目。

四、撰写《2019 年国家食品安全风险监测工作手册》

为保证《计划》的顺利实施以及 2019 年国家食品安全风险监测工作如期开展，食品评估中心组织撰写《2019年国家食品安全风险监测工作手册》上卷、中卷和下卷（简称《手册》），内容包括监测目的意义、监测方案制定、质量控制管理程序、采样程序、检测方法程序以及数据上报与审核程序

等，并委托有资质的单位承担新项目新方法的建立和验证工作。

为使基层掌握《计划》的制定情况及具体要求，在《手册》中专门编写与《计划》配套的编制说明，详细对各项目的监测依据、目的、地区选择、采样环节选择、全国采样数量确定以及采样依据进行详细说明，《手册》还详细介绍了2019年检验方法的主要修改内容，便于各级监测机构及时掌握情况，开展验证和培训。《手册》的编写为开展2019年的监测工作提供有力的技术支持。

五、国家食品安全风险监测质量管理

随着风险监测工作的深入开展，对监测的质量管理要求也上了一个新的台阶，在连年保数量，更要抓质量的方针指导下，食品评估中心一直在风险监测的质量管理方面不懈努力。

（一）组织2018年风险监测质量控制工作

2018年组织和委托部分食品安全风险监测国家参比实验室开展食品安全风险监测质控考核7项。（1）调和油中黄曲霉毒素和玉米赤霉烯酮的测定（组织单位：浙江省疾控中心）；（2）鸡蛋中双酚A和双酚S的测定（组织单位：江苏省疾控中心）；（3）豇豆中氯氟氰菊酯和氯氰菊酯的测定（组织单位：上海市疾控中心）；（4）海带粉中镉和铬的测定（组织单位：广东省疾控中心）；（5）大米粉中无机砷的测定（组织单位：北京市疾控中心）；（6）蜂蜜中甲硝唑的测定（组织单位：北京市疾控中心）。这6个项目考核范围为省级疾控中心强制参加，承担监测计划中相关项目检验的地市级监测技术机构可以自愿报名参加。（7）二噁英考核项目，该项目为国际比对项目，组织承担二噁英检测任务的机构参加。此外，首次引入技术机构内部质控记录核查、组织监测结果验证等质控方法，以期更全面、客观地评价监测数据质量。

（二）组织 2018 年风险监测质量监督

2018 年 8—10 月，食品评估中心组织了省级卫生健康委食品工作相关部门、省级疾控中心有关专家，对部分监测技术机构进行了监测质量监督现场抽查活动。通过走访黑龙江省、山西省、陕西省 3 个省包括省级疾控中心、市级疾控中心、主动监测哨点医院、开展食源性疾病监测的社区卫生服务中心在内的共 17 个单位，较为详细地了解了各省食品安全风险监测工作开展和实施情况以及存在的问题，有助于今后更好地开展食品安全风险监测工作。

（三）组织全国食品安全技术资源和能力调查

2018 年 8—12 月，食品评估中心对全国疾控机构和医疗机构开展了食品安全技术能力资源调查，调查数据通过网络填报。调查旨在摸清家底，为了解目前我国食品安全技术机构（包括疾控机构和哨点医院）的技术能力和资源现状，掌握监测技术机构的检验能力、培训、监督和质控以及机构在监测工作方面存在的主要问题，开展本项调查项目，以便为食品安全风险监测可持续性发展提供科学基础，为各级行政主管部门管理和利用食品安全监测技术资源提供数据支持。资源调查分析表明，食品安全风险监测体系疾控机构拥有了一定数量的人、财、物等基本资源，建立了一支食品安全风险监测队伍，为食品质量及食品安全监管提供了技术支撑。资源调查数据同时也反映了我国疾控机构检验能力不足、资源不足、资源利用效率低等问题突出。

（四）参加 2017 年省级食品安全标准与监测评估工作督导考核

2018 年初，食品评估中心多名专家参加了国家卫生健康委食品司组织的

2017 年省级食品安全标准与监测评估工作考核中湖南、江苏、吉林、山东等多省的考核评价工作。此外，为落实《国家卫生计生委食品司关于商请提供 2017 年风险监测质量抽查相关数据的函》（国卫食品监便函〔2018〕17 号）的要求，食品评估中心评价汇总了 2017 年省级风险监测质量抽查相关数据评分表得分情况，将结果报送食品司。

食品安全风险评估工作

一、研究制定 2018—2020 年优先风险评估计划

为落实国家卫生健康委"食品安全标准与监测评估'十三五'专项规划"，食品评估中心开展了"十三五"期间优先风险评估项目的建议征集整理和分析研究工作。在梳理历年来食品安全相关部门提出项目建议的基础上，补充征集分中心和各省级疾控中心等单位意见，初步整理形成 49 项建议项目。建议项目由国家卫生健康委征求相关部门意见，并经多次专家研讨会讨论，最后依据标准制定修订需要和监管工作需求，并结合国际前沿动态，保证可行性并兼顾前瞻性的原则，整理形成 2018—2020 年拟开展的优先风险评估项目 25 项。25 项优先风险评估项目涉及重金属等无机污染物 4 项、有机污染物和加工过程产物 6 项、微生物 4 项、生物毒素 1 项、食品添加剂 5 项、食品接触材料 3 项、营养素 2 项。该 25 项优先风险评估项目建议于 2018 年 3 月经国家食品安全风险评估专家委员会第十三次全体会议讨论通过，将成为我国未来 3 年风险评估的重点工作。

二、科学开展风险评估工作

食品评估中心以食品安全需求为导向，科学开展风险评估工作，共完成多环芳烃、蜡样芽孢杆菌等 4 项优先评估项目和 2 项应急评估任务，针对相关问题提出风险评估科学意见或管理建议，为我国食品安全管理提供技术支持。

（一）多环芳烃风险评估

中国居民多环芳烃（PAHs）膳食暴露风险评估项目是食品评估中心2018年重点工作，重点基于我国食品中多环芳烃污染水平，筛选合适的多环芳烃指示物，评估我国一般人群和潜在高暴露人群（如，熏烧烤类食品消费人群、高污染典型地区人群）膳食中PAHs的健康风险。食品评估中心组建由江苏省疾控中心、浙江省疾控中心等单位专家组成的工作组（20人）开展具体评估工作。项目共收集近万条食品中多环芳烃的最新污染水平数据，原环保部提供了2013年典型地区居民多环芳烃暴露双份饭专项调查数据。

评估结果显示，屈、苯并（a）蒽、苯并（a）芘和苯并（b）荧蒽等4种多环芳烃（PAH4）是最适合的多环芳烃指示物，一般人群、各年龄－性别组人群及熏烧烤类食品消费人群的平均暴露健康风险低，但高食物量消费者以及典型地区居民多环芳烃暴露的健康风险需予以重点关注。谷类和植物油是PAHs膳食暴露的主要来源。对适宜限量水平的情景假设分析显示，增加对谷类和植物油的PAH4限量指标可以降低高食物量消费者PAHs暴露的健康风险。该项目筛选出多环芳烃风险评估的最适指示物PAH4，为评估食品中多环芳烃混合暴露风险提供较科学的解决方案，并为我国食品中多环芳烃含量标准制修订提供了科学依据。

（二）水产品中甲基汞风险评估

该项目在2017年完成的中国居民膳食总汞暴露风险评估基础上，利用2010—2014年21304条动物性水产品中汞的风险监测数据，结合2014年中国居民水产品消费量调查数据，进一步开展甲基汞的风险评估。2018年已完成动物性水产品中甲基汞暴露风险评估和中国四大海域常见海水鱼消费对新生儿和婴幼儿神经发育的风险-获益评估。

评估结果显示，我国3岁以上各性别-年龄组人群动物性水产品甲基汞平均暴露水平和高端暴露水平均未超过其健康指导值，动物性水产品甲基汞暴露对我国居民健康所造成的风险处于可接受水平，健康风险较低。

该项目重点采用FAO/WHO提出的风险-获益定量评估模型，评估孕妇或乳母海水鱼消费对婴幼儿神经发育的风险-获益。我国人群消费四大海域常见海水鱼品种所导致的甲基汞暴露风险较低，而新生儿和婴幼儿可获得一定的IQ值净增长效应。该项目全面评估了我国人群水产品甲基汞暴露的健康风险，并科学回答了鱼类消费的风险-获益状况，解决了我国一直以来缺乏膳食汞暴露风险评估基础数据的问题，可为今后的政策制定、标准修订和食品安全交流提供科学信息，也可为应对突发的汞相关食品安全问题提供基础暴露数据。

（三）婴幼儿配方奶粉中蜡样芽孢杆菌和克罗诺菌属（阪崎肠杆菌）污染定量风险评估

婴幼儿配方奶粉中蜡样芽孢杆菌和阪崎肠杆菌污染的定量风险评估是国家食品安全风险评估专家委员会2015年优先评估项目，主要目标是为我国是否需要制定婴幼儿配方奶粉限量标准提供依据。

食品评估中心组建由中国疾控中心传染病所、浙江省疾控中心等单位专家组成的工作组（15人）开展具体评估工作，共使用2011—2016年的5万余条婴幼儿配方奶粉风险监测数据。

评估结果显示，从婴幼儿配方奶粉生产阶段到市售婴幼儿配方奶粉，蜡样芽孢杆菌都有不同程度的检出；食用婴幼儿配方奶粉其蜡样芽孢杆菌的风险约为0.5%；澳新的限量标准能较好达到风险控制作用。家庭喂养时间延长会降低现有限量标准的健康保护作用。现有监测和控制措施可显著减少婴幼儿配方奶粉阪崎肠杆菌污染，合理冲调配方奶粉有助于降低婴幼儿配方奶粉中阪崎肠杆菌引起的风险。

该项目有效回应了国内关于制定蜡样芽孢杆菌限量标准的呼声，可为下一步政策制定、标准修订和食品安全交流提供科学信息。并从生产和消费环节提出了有效控制阪崎肠杆菌污染的措施，可为下一步标准修订和食品安全交流提供科学信息。

（四）食品添加剂谷氨酸盐风险评估

谷氨酸盐是味精的主要成分，我国是全球最大的谷氨酸钠生产国、出口国和使用国。食品添加剂谷氨酸盐风险评估优先项目是食品评估中心2018年重点工作。该项目重点评价谷氨酸及其盐现有健康指导值的适用性，评估我国人群膳食谷氨酸及其盐的暴露水平及贡献率，为制修订食品添加剂谷氨酸及其盐的管理措施以及相关食品的消费建议提供科学依据。

2018年收集6200多篇有关谷氨酸及其盐危害评估相关毒理学数据和人群流行病学数据，依据已建立的食品安全毒理学数据质量评价体系，对重点关注的神经毒性和神经发育毒性数据进行可靠性、相关性评价，初步完成谷氨酸及其盐危害评估报告；收集谷氨酸盐生产和使用情况数据，包括：主要食品中食品添加剂谷氨酸盐的使用范围和使用量数据，生产、销售和出口情况等相关数据；建立食品中谷氨酸及其盐的超高效液相色谱-串接质谱测定方法，并组织3家单位对方法进行验证；开展食品中谷氨酸及其盐含量专项监测，采集近4000份食品样品；采用稳定碳同位素技术检测内源性和外源性谷氨酸含量，对其进行了溯源分析；在我国7个省、市开展了126个餐馆调味品消费情况调查，收集调味品使用情况和使用量数据；利用总膳食调查研究方法完成我国一般人群谷氨酸盐暴露评估。目前已完成的工作将为谷氨酸盐的风险评估提供危害和暴露数据，为项目顺利实施奠定了基础。

（五）婴幼儿谷类辅助食品中镉的应急风险评估

2018年6月，为加强婴幼儿谷类辅助食品监管，国家卫生健康委委托食品评估中心研究制定婴幼儿谷类辅助食品中镉的临时限量值。食品评估中心利用国内外文献资料和我国食品安全风险监测、消费量调查等数据，开展婴幼儿谷类辅助食品中镉的应急风险评估，并提出婴幼儿谷类辅助食品中镉的临时管理建议。

镉是一种对人体有潜在危害的环境污染物，联合国粮农组织/世界卫生组织食品添加剂联合专家委员会（FAO/WHO JECFA）设定镉的暂定每月可耐受摄入量为 25μg/kg BW，本次应急评估采用该值作为婴幼儿镉健康风险的判定依据。基于 2011 年以来我国婴幼儿谷类辅助食品镉污染状况，利用我国婴幼儿食品消费量调查数据，针对 0～2 岁婴幼儿食用谷类辅助食品导致的镉进行健康风险评估。我国 0～2 岁婴幼儿通过婴幼儿谷类辅助食品、婴幼儿配方食品及婴幼儿罐装辅助食品的镉暴露健康风险较低，但对于谷类辅助食品消费量较高的婴幼儿，特别是长期食用镉含量偏高产品的婴幼儿，应关注其镉健康风险。初步分析提示，当婴幼儿谷类辅助食品中镉含量不超过 0.065 mg/kg，婴幼儿长期食用的潜在健康风险很低。为了最大程度保护婴幼儿健康，建议将我国婴幼儿谷类辅助食品中镉含量不高于 0.06 mg/kg。

应急评估报告经国家食品安全风险评估专家委员会审议通过，提出的管理建议被国家卫生健康委采纳，并以公告形式（2018 年第 7 号）发布了婴幼儿谷类辅助食品中镉的临时限量值。该项工作成为食品安全监管部门加强婴幼儿谷类辅助食品管理、保护婴幼儿健康的重要科学依据。

（六）食品添加剂脱氢乙酸的应急评估

脱氢乙酸及其钠盐是我国允许使用的食品添加剂，作为防腐剂用于面包、糕点、预制肉制品、复合调味料等 12 种食品。根据国家卫生健康委要求，食品评估中心以欧洲化学品管理局提出的脱氢乙酸及其钠盐的未发现不良作用剂量（78 mg/kg BW）作为毒性参考点，采用 200 倍不确定系数，推导出人体脱氢乙酸及其钠盐的临时安全摄入参照水平作为脱氢乙酸及其钠盐健康风险的初步分析依据。并基于 2015—2017 年食品评估中心风险监测数据和 GB 2760 中脱氢乙酸及其钠盐最大使用量数据，采用理论评估和确定性评估的方法，针对允许添加脱氢乙酸及其钠盐的食品以及辣条类食品开展风险评估。评估结果成为食品安全国家标准审评委员会食品添加剂分委会的重要参考依据，并提出下一步精确评估的数据采集建议。

三、开展新食品原料和食药物质技术支持

（一）新食品原料技术评审工作

一是研究起草《虫草类新食品原料申报材料要求》，共同起草食品评估中心《三新食品技术评审工作规范》，进一步规范了新食品原料的技术评审要求和工作程序。二是组织开展技术评审相关工作，共召开技术评审等会议 11 次，评审产品 34 项次，对 21 个产品形成最终评审意见。三是针对国家卫生健康委和申请人咨询，提供新食品原料相关问题咨询意见 400 余次。

（二）开展食药物质管理技术支撑工作

一是根据国家卫生健康委要求，完成 12 种食药物质食用安全性评估报告，编制《按照传统既是食品又是中药材物质目录》（以下简称《目录》），开展《目录》的社会风险评估、起草 9 种食药物质信息解读材料。二是协助完成食药物质管理相关工作，协助食品司起草《食药物质试点生产工作方案》，赴黑龙江、吉林、中国中医科学院等地进行食药物质实地调研活动，并开展全国省级卫生行政部门和部分食品生产企业的食药物质生产与管理调查，完成《按照传统既是食品又是中药材物质管理调研报告》，并协助开展 SPS 通报及公开征求意见。

食品安全标准工作

食品评估中心作为国家卫生健康委技术支撑单位，承担食品安全国家标准审评委员会秘书处、中国食品法典委员会秘书处、国际食品添加剂法典委员会秘书处和世界贸易组织相关事务项目管理办公室工作。2018 年，食品安全标准研究中心按照既定职责，组织开展了食品安全国家标准技术管理，食品安全地方标准备案，食品添加剂和食品相关产品新品种技术评审，以及参与国际食品法典和世界贸易组织等相关工作。

一、食品安全国家标准审评委员会秘书处工作

（一）食品安全国家标准审评委员会换届工作

按照国家卫生健康委食品司的要求，食品安全国家标准审评委员会秘书处启动了食品安全国家标准审评委员会换届工作，拟定了《食品安全标准标准审评委员会换届工作安排》和《第二届食品安全国家标准审评委员会组成方案》，并起草了《国家食品安全风险评估中心关于调整和加强食品安全国家标准审评委员会审评管理工作的报告》，按要求上报食品司。

（二）开展 2018 年食品安全国家标准立项工作

根据《食品安全法》和《食品安全国家标准管理办法》有关规定，结合2018 年食品安全国家标准工作重点领域，秘书处对征集到的 651 项食品安全国家标准立项建议进行筛选，并征求食品安全国家标准审评委员会各相关专业委员会的意见，协助国家卫生健康委食品司拟定了 2018 年食品安全国家标准项目计划。2018 年我国计划开展的食品安全国家标准制修订项目共 63

项，包括：食品产品 6 项、营养和特殊膳食食品 2 项、食品添加剂质量规格 15 项、食品营养强化剂质量规格 6 项、食品相关产品 2 项、生产经营规范 2 项、检验方法 30 项（理化 25 项、微生物 5 项）。截至 2018 年年底，秘书处已组织完成了与项目承担单位签订协议书的工作。

（三）组织召开食品安全国家标准审评委员会会议

2018 年食品安全国家标准审评委员会秘书处共组织召开 11 次委员会会议，包括 1 次主任会议和 10 次分委员会会议。

第一届食品安全国家标准审评委员会第十四次主任会议于 2018 年 11 月 29 日在北京国二招宾馆召开。会议由食品安全国家标准审评委员会技术总师陈君石院士主持。会议审查通过了 21 项食品安全国家标准草案和 2 项修改单。

10 次分委员会会议包括：食品产品分委员会 1 次，食品污染物分委员会 1 次，生产经营规范分委员会 3 次，食品添加剂分委员会 1 次，食品相关产品分委员会 1 次，检验方法与规程分委员会（理化组）1 次，检验方法与规程分委员会（微生物组）1 次以及检验方法与规程分委员会（毒理组）1 次。分委员会共审查 26 项食品安全国家标准和 1 项修改单，其中食品产品标准 2 项，食品添加剂标准 3 项和 1 项修改单，食品相关产品标准 3 项，生产经营规范标准 7 项，理化检验方法标准 7 项，微生物检验方法标准 2 项，毒理学评价程序 2 项。

（四）进一步完善相关制度建设

协助国家卫生健康委修订《食品安全标准管理办法》《食品安全国家标准制定、修订项目管理规定》《食品安全国家标准审评委员会章程》《食品安全国家标准工作程序手册》等管理性文件，细化工作要求。进一步维护和完善食品安全国家标准管理信息系统，保障秘书处、项目承担单位、委员等用户持续高效地使用系统。

（五）开展食品安全国家标准的宣贯工作

协助国家卫生健康委编制食品安全国家标准师资培训教材，并组织省级卫生行政部门食品安全标准师资培训班，重点解读食品安全通用标准及重点关注标准。配合标准发布起草标准实施问答；出版《罐头食品、畜禽屠宰加工、水产制品、航空食品等卫生规范实施指南》，《食品接触材料及制品迁移试验标准实施指南以及污染物、毒素检验方法标准》以及《食品相关产品检验方法实施指南》。参加政府部门、行业协会组织的标准宣贯活动，协助监管部门科学执法，指导行业正确执行标准。

（六）开展食品安全国家标准跟踪评价工作

向国家卫生健康委提交 2017 年食品安全国家标准跟踪评价工作报告。2018 年起，为了更切实有效地开展食品安全国家标准跟踪评价工作，跟踪评价工作调整为常态跟踪评价方式与产品专项评价相结合的方式，同时为了充分发挥各省卫生行政部门的能动作用，成立了省级标准跟踪评价工作组，建立了相对长效的跟踪评价工作机制，并协助国家卫生健康委编制长期的食品安全标准跟踪评价工作方案。

开展方法标准跟踪评价工作。组织疾控系统、原质检系统、原食药系统等政府实验室和第三方检测机构、食品生产相关企业等近百家单位、300 位专家开展进行跟踪评价工作，提出跟踪评价整体实施方案及协作组工作方案。主要针对已发布的检验方法类食品安全国家标准和方法标准体系开展跟踪评价工作，根据跟踪评价反馈情况及时完善工作内容，调整工作方向，为进一步完善检验方法标准体系提供技术支持。

（七）开展检验方法标准协作组工作

受国家卫生健康委的委托，组建检验方法类食品安全国家标准协作组。起草《关于征集检验方法类食品安全国家标准协作组成员单位的通知》及协作组工作方案，对收集的 200 余份协议组成员单位申报书进行了归纳、整理和分析，举办了检验方法类食品安全国家标准协作组工作启动会暨培训会议，搭建起全国检验方法类食品安全标准协作平台，为加强食品安全标准的交流与合作、更好地完成食品安全标准的制定、修订任务提供了技术保证。

（八）组织食品安全标准相关问题的协调论证工作

针对食用调和油、辣条、水产调味品以及污染物、微生物、生产卫生规范等重点标准，及时组织专题协调论证、交流研讨、意见处理会议，主动向国家卫生健康委汇报情况进展、研究意见和建议。及时办理两会提案，针对人大、政协关于泡椒花生、松茸、乳业发展等建议的提案，及时澄清有关问题或提出建议措施，助力扶贫攻坚，确保食品安全。

（九）开展食品安全国家标准咨询答复及研究工作

2018 年共收到国家卫生健康委、食药总局等部门、单位转请研究的关于松露、红色燕窝、蜂产品、发酵酒、铝残留量、生物胺、核苷酸、合成着色剂、亮蓝、干香菇中二氧化硫检验方法等来文 155 件，秘书处经过认真研究后回复 134 件。

二、食品添加剂和食品相关产品行政许可

（一）积极开展廉政风险防控

配合食品评估中心纪委开展行政许可工作自查，报送自查报告；根据调

整后的行政许可工作程序完善了权力明晰表和权力运行流程图；明确了权力运行责任人和信息报送员，在食品评估中心反腐倡廉内网及时公开相关信息，接受群众监督，并对相关人员进行岗位廉政风险教育和日常监督。

（二）行政许可工作制度建设

会同评估二室起草了《新食品原料、食品添加剂新品种、食品相关产品新品种技术评审工作规范（暂行）》，进一步明确了工作时限要求，规范了工作流程；起草了转基因微生物来源的酶制剂部分资料审批流程，向国家卫生健康委食品司提出了与农业农村部的职责分工和工作程序的建议，梳理了此类产品审批工作流程；协助食品司开展《食品添加剂行政许可管理办法》的修订，提出"三新食品"行政审批证明事项处理建议。

（三）行政许可常规工作

严格按照规章制度，在时限要求内完成本年度新品种行政许可工作。组织召开评审会 13 次，社会风险评估会 4 次，完成 101 项食品添加剂和 190 项食品相关产品新品种的受理、征求意见和技术审查工作；完成 4 次行政许可季度审批事项办结情况上报工作；启动专家库调整工作；完成行政许可相关咨询解释工作，获得行业好评，有效助力相关产业发展。

三、食品安全地方标准备案工作

（一）食品安全地方标准立项咨询

收到福建、贵州、河北、重庆、吉林、黑龙江、宁夏、河南、四川、云南、江苏、浙江、广东、陕西、湖北、江西、安徽、山东、青海、新疆、海南、湖南等 22 个省（自治区、直辖市）提出的 91 项食品安全地方标准立项咨询，对其中的 24 项建议立项，需要开展进一步研究的 29 项。

（二）食品安全地方标准备案

收到云南、海南、吉林、贵州、四川、浙江、陕西、广东等 8 个省份提交的 24 项食品安全地方标准备案材料，对其中 13 项符合要求的标准存档备查，对存在与相应的食品安全国家标准不协调或歧义等问题的 8 项标准向申请单位书面反馈意见。

（三）相关问题研讨

对白花蛇舌草、林蛙油、麦冬须根、放射性核素等地方标准及建议中的问题组织专题研讨会议 4 次，及时无误地解决了问题。

（四）中国食品法典委员会秘书处工作

中国食品法典委员会秘书处组织了 29 人次参加 11 个国际食品法典委员会相关会议。会前组织召开 3 个法典委员会的预备会。牵头并参加了 8 个法典标准的起草以及 35 个电子工作组工作，准备代表团口径。通过《中国食品卫生杂志》"食品安全聚焦"栏目等多种形式加强国际食品法典宣传和交流，组织 3 人参加美国－亚洲食品法典研讨会，派遣 1 人赴联合国粮农组织开展中长期交流培训。主办国际食品法典战略亚洲研讨会，加强亚洲区域各国在食品安全领域的交流合作。

（五）WTO 项目办公室工作

积极配合国际司推进组建国家卫生健康委 WTO 通报评议专家组。对 WTO 各成员通报的 1033 项食品安全相关 SPS 通报、2578 项卫生相关 TBT 通报进行研究，对 125 项 SPS 措施和 195 项 TBT 措施进行了重点关注，针对印度尼西亚、印度和韩国 3 个成员通报的 3 项 SPS 措施正式提交了评议意见，并分析了 WTO 部分成员的食品安全技术法规变化情况。协助国际司组织派员参加 WTO/SPS 例会 3 次，协助准备例会参会口径和重点关注议题的双边磋商意见，积极回应了欧盟关注我国《食品安全国家标准 食品接触材料及制品用添加剂使用标准》当中允许使用的食品接触材料用添加剂品种相关问题。

（六）国际食品添加剂法典委员会秘书处工作

2018 年 3 月在厦门组织召开了第 50 届国际食品添加剂法典委员会（CCFA）会议，讨论通过了 500 多条食品添加剂规定，提交第 41 届食典委大会在第 8 步和第 5/8 步采纳。同时会议成立了 4 个电子工作组，将在会后继续开展工作。CCFA 秘书处履行主持国的职责，顺利完成会场及配套设施的选择、代表注册登记、会议技术文件的准备等筹备工作。协助主持 CCFA 会议和工作组会议，协助撰写会议报告。

（七）进口无食品安全国家标准食品相关标准技术审查工作

根据《国家卫生计生委办公厅关于规范进口尚无食品安全国家标准审查工作的通知》（国卫办食品发〔2017〕14 号），承担进口尚无食品安全国家标准的技术审查工作。截至 2018 年年底，收到进口无国标审查正式申请 1 项，处理了 18 项进口产品的邮件咨询。

（八）"523 项目"和能力建设

为更好地进行人才培养、推动团队建设，食品标准团队 2018 年度先后开展了多项相关活动，包括：团队成员赴联合国粮农（FAO）总部交流学习；团队特聘负责人和团队骨干参加国际食品安全大会并参与主题讨论及专题讨论；委托中国农业大学开展大学生食物过敏风险评估基础调研；参加"523 项目"食品分类小组活动；并开展多次沟通会，拓宽团队视野，为食品安全标准管理工作提供新想法和新思路，提高团队工作能力等。

（九）开展标准相关研究项目

开展食品安全数据融合与可视化应用技术、食品健康效应与智能化评价技术、进口新型食品接触材料检测与风险评估技术、食品安全风险分级评价与智能化监督关键技术等"十三五"国家重点研发计划课题的研究；开展我国食品用功能性菌种使用情况调查及管理模式研究；与专业技术研究机构合作开展酿造食品及儿童喜爱食品、国内外检验方法性能指标评价体系对比分析及数据库构建等法规标准的基础研究。

参与食品添加剂、污染物、检验方法等国际食品法典标准的修订；主持或参与我国污染物、致病菌、食品添加剂、食品接触材料及制品迁移试验通则、预包装食品标签等标准的制定、修订工作。

（十）其他

参加国家卫生健康委赴广东、吉林、黑龙江等的大调研，参加食品评估中心赴广东、云南、贵州等地的大调研，了解食品安全标准的问题需求及建议，以及赴山西大宁参加国家卫生健康委的营养健康扶贫工作等。发表学术论文 9 篇。1 人获得中国标准创新贡献奖优秀青年奖。

国民营养工作

一、推进《国民营养计划（2017—2030年）》贯彻实施

（一）加强《国民营养计划（2017—2030年）》落实技术支撑

为进一步加强国民营养能力建设，配合国家卫生健康委食品司开展《国民营养计划（2017—2030年）》贯彻落实情况调研，梳理分析各地《国民营养计划（2017—2030年）》实施工作内容和工作经验，协助食品司组织召开《国民营养计划（2017—2030年）》内容和实施方案全国培训班，指导地方制定省级《国民营养计划（2017—2030年）》实施方案。协助食品司研究营养重大科研立项，撰写立项建议报告。

（二）推进《国民营养计划（2017—2030年）》内容相关工作

为更好落实《国民营养计划（2017—2030年）》人群营养改善行动相关内容，负责组织编写老年人群营养改善行动实施方案。协助食品司组织召开多次临床营养工作专题研讨会，赴北京、天津、四川开展临床营养工作调研，提出政策建议和工作措施，编写临床营养行动实施方案。

二、加强食品安全国家标准营养与特殊膳食食品标准工作

（一）营养相关标准体系建设

贯彻落实"营养计划、标准先行"的要求，多次组织召开研讨会，提出营养健康标准体系框架，针对政府监管、行业发展、促进国民营养健康需

求，确定了未来一段时间内营养相关标准工作规划。

（二）推进营养与特殊膳食食品标准制定、修订工作

继续开展《食品安全国家标准 食品营养强化剂使用标准》（GB 14880—2012）、《食品安全国家标准 预包装食品营养标签通则》（GB 28050）等基础营养标准修订工作，完成 GB 28050 标准文本和编制说明的起草，组织召开 4 次专家研讨会，并在食品行业内针对标准内容广泛征求意见近 1000 条。组织召开 GB 14880 修订工作会议 5 次，充分征求相关部门专家、行业意见，统一修订思路，明确修订内容，对国内外最新相关标准动态分析研究，利用我国人群营养素摄入最新数据，科学计算我国食品营养强化剂的强化量。

继续开展《食品安全国家标准 婴儿配方食品》《食品安全国家标准 较大婴儿和幼儿配方食品》和《食品安全国家标准 特殊医学用途婴儿配方食品通则》等标准的修订工作。组织召开多次研讨会，协调标准衔接、检验方法配套等问题。其中《食品安全国家标准婴儿配方食品》等 3 项标准已完成公开征求意见，收集近 800 百条意见，针对这些意见组织专项研讨会研究处理，进一步修改完善标准文本和编制说明。

为更好满足当前特殊医学用途配方食品需求，食品评估中心及时开展《食品安全国家标准 特殊医学用途配方食品通则》及配套产品标准的修订工作，2018 年认真梳理了标准执行中的相关问题、组织多次专项研讨会研讨解决，对标准文本和编制说明草稿加以完善。

此外，参与了《食品安全国家标准 老年营养食品通则》《食品安全国家标准 学生餐营养操作指南》《食品安全国家标准 老年人群集体供餐膳食营养操作规范》等标准的制定修订工作，开展老年人群膳食和老年食品市场现状专题调查研究，并与其他标准起草工作共同开展研讨，协助起草单位上报标准公开征求意见，进一步完善标准文本等工作。

（三）营养与特殊膳食食品标准技术支持与管理

1. 标准项目立项。协助国家卫生健康委食品司完成 2018 年食品安全国家标准立项工作。营养与特殊膳食食品标准秘书处对标准系统中所征集的 70 余项食品安全国家标准立项项目建议汇总筛选，确定 8 项营养相关标准项目以及还原铁等 6 项食品营养强化剂质量规格标准项目，并协助食品司完成标准承担单位协议书签订工作。

2. 标准项目督导。标准秘书处通过电话、邮件等形式对标准制定进度进行督导，并确保符合标准制定与修订程序要求。通过组织多次标准协调会和专家研讨会，对同类标准间存在的相关问题进行协调。

3. 标准征求意见、发布。2018 年完成《食品安全国家标准　婴儿配方食品》等 9 项特殊膳食标准及《食品安全国家标准　运动营养食品通则》（GB 24154—2015）第 1 号修改单的初审、公开征求意见和对外通报等工作，经食品安全国家标准审评委员会主任会议审议通过。同时，协助食品司完成《食品营养强化剂　硒蛋白》等 11 项食品营养强化剂质量规格标准的发布。

4. 标准宣贯和咨询答复。针对国家卫生健康委食品司、市场监管总局、行业协会等来文及咨询进行回复，涉及婴幼儿配方食品、婴幼儿辅助食品等，提供答复口径近百次，正式回函十余件。

三、持续开展中国居民食物消费量调查

（一）完成 2018 年度食物消费量年度调查工作

食物消费量调查是食品安全标准、监测与评估的重要基础性工作。2018 年继续在全国 18 个省（自治区、直辖市）32 个城市内开展 3 岁及以上人群含油、盐、糖加工食品为主的各类食物消费量调查工作。组织相关专家制定了《2018 年中国居民食物消费量调查工作方案》，由国家卫生健康委食

品司印发相关省（自治区、直辖市）。

2018 年 6 月，在北京举办了中国居民食物消费量调查工作启动会暨国家级培训班，来自北京、河北、内蒙古、辽宁、黑龙江、江苏、浙江、福建、江西、山东、河南、湖北、广东、重庆、贵州、云南、陕西、甘肃、上海等19 省（自治区、直辖市）卫生健康委食品相关处、省级疾控中心和参加调查的区级疾控中心的负责人和技术骨干人员 150 余人参加了培训。通过集中授课、实习考核以及入户实践等多种方式，促进调查人员更好掌握了现场调查方法和技术，为 2018 年调查工作的顺利开展打下坚实基础。

为保证调查数据的质量，食品评估中心进一步完善了《食物消费量调查质量控制手册》，升级平板数据采集直报系统，强化了数据校验规则等功能。2018 年 6—10 月间，对黑龙江、山东、辽宁、内蒙古、浙江、重庆、贵州等省份组织开展调研，及时发现、解决出现的技术问题，提升调查数据质量。截至 2018 年年底共调查住户人群约 1.7 万人、初中生约 3200 人。

（二）完善食物消费量调查数据库

2018 年共调查我国 18 省（自治区、直辖市）3 岁及以上人群 1.7 万人，各类食物约 2198 种，初步建立了含有约 73 万条加工食品消费量的数据库。此外，还对 2017 年约 55 万条食物消费量调查数据进行清理。

（三）强化食物消费量调查工作技术支撑

2018 年，继续加强食物消费量调查技术支撑工作网络建设，依托辽宁、山东、河北、广东等省级疾控中心，建立专项技术小组，在方案制定、问卷设计、质量控制、数据处理、图片收集等方面研究完善技术方法，促进其他省份更好完成调查工作。与此同时，组织召开了 2 期以省级工作骨干为主的国家级数据清理培训班，重点提升各省食物消费数据管理和分析应用能力。

（四）提供食品安全风险评估数据支持

截至 2018 年年底，消费量调查数据为 19 项国家食品安全风险评估提供基础数据支持（见表 1）。

表 1 消费量调查数据在风险评估项目中的应用情况（截至 2018 年 12 月）

内容	服务项目
2013 年消费量调查数据	饮料和饮料酒接触材料暴露评估参数构建； 中国居民膳食脱氧雪腐镰刀菌烯醇暴露健康风险评估； 乳及乳制品中苯甲酸暴露风险评估
2014 年消费量调查数据	贝类海产品中副溶血性弧菌污染对我国沿海地区居民健康影响的初步定量风险评估； 黄曲霉、伏马菌素、双壳贝类食品中诺如病毒暴露评估； 乳及乳制品中苯甲酸暴露风险评估
2015 年消费量调查数据	基于生产链视角的乳及乳制品中矿物油污染源解析和防控措施研究； 婴幼儿辅助食品蜡样芽孢杆菌和阪崎肠杆菌暴露评估； 婴幼儿配方食品和辅助食品铝暴露风险评估； 婴幼儿谷类辅助食品中镉健康风险评估初步意见； 中国居民膳食脱氧雪腐镰刀菌烯醇暴露健康风险评估； 中国居民 BPA 的集聚暴露评估
2016 年消费量调查数据	食品添加剂山梨酸风险评估； 中国居民膳食总汞暴露风险评估； 我国人群谷类膳食伏马菌素暴露风险评估； 食品添加剂脱氢乙酸及其钠盐毒性资料和暴露水平初步分析； 二氧化硫应急评估； 中国居民 BPA 的集聚暴露评估
2017 年、2018 年消费量调查数据	中国居民市售加工食品中游离糖摄入及其风险评估

四、营养素及相关物质的风险评估

2018 年继续开展营养素摄入风险评估，服务于食品安全监管，回应公众关切，指导居民合理食物消费，落实《国民营养计划（2017—2030 年）》内容，继续开展我国人群加工食品游离糖摄入及其风险评估工作。在 2017 年工作的基础上，面向行业继续开展加工食品游离糖含量数据征集以及糖果、巧克力类食品样品采集及游离糖的高效离子色谱检测工作，共征集数据 577 条，获得糖果巧克力类加工食品高效离子色谱游离糖检测数据 109 条，并完成游离糖危害识别和危害特征描述初稿。该评估项目的实施将为落实"三减三健"，推动科学"减糖"行动提供有力的科学支持。

五、完成上级部门交办的任务

协助国务院办公厅、国家卫生健康委规划司等编制《健康中国人行动计划》（合理膳食部分）；协助国家卫生健康委政法司编制《基本医疗卫生与健康促进法（草案）》中营养相关内容。

针对肉类研究、肥胖控制、加强食育、控制糖摄入量等方面的领导多项批示精神，开展专题研究并协助撰写有关报告；针对二十国集团卫生领域议题、世界卫生大会执行委员会会议发言提供口径等。

食品安全风险交流工作

一、持续开展舆情监测，针对舆情热点开展分析研判，探索做出舆情预警

加强体制机制建设。2018年起草制定了《舆情监测与处置管理办法》，进一步明确责任、梳理流程。健全舆情监测报告制度，明确职责，确保舆情监测与响应处置工作的有效衔接，舆情监测与处置工作的及时有效。建立每次食品评估中心办公会舆情汇报研判机制，为超前应对提供保障。完成舆情分析报告，于每个工作日发布舆情日报，每周发布舆情周报。针对重点舆情和突发舆情，开展"自制饮料中毒""辣条标准""三文鱼标准""食盐添加亚铁氰化钾""婴幼儿谷类辅食中镉临时限量值""乳铁蛋白价格暴涨""白砂糖新国标被指放宽二氧化硫指标""水产品相关问题回复"等专项舆情研判工作，第一时间组织专家进行研判，形成舆情专报，多次为食品司处置舆情提供专业建议，顺利完成舆情应对工作。

2018年共收集食品安全舆情信息近2000条，发布《食品安全舆情日报》253期，《食品安全舆情周报》48期，《食品安全舆情专报》8期。

二、创新科普宣教形式与内容，力争取得科普宣教实效

协助组织2018年国家卫生健康委"全国食品安全宣传周"主题日活动，完成食品安全宣传周相关工作。第一、二季度风险交流部参与策划2018年食品安全周主要宣传内容。7月，国家卫生健康委"全国食品安全宣传周"主题日活动在山西省大宁县举办，食品评估中心相关领导带队，部分专家参加宣传周活动，作了食品安全专题讲座，并就媒体记者关心的问题进行了详

细的解答，同时开展了食品安全与营养的现场科普宣传咨询，解答了公众关注的相关问题。

组织食品安全进厨房、进社区、进校园、进幼儿园以及走进教师节等多种形式的食品安全与营养科普宣教活动，活动效果良好。科普宣教活动以专题讲座、现场互动、咨询交流结合的方式为群众普及食品安全和营养基础知识，提升民众健康素养。全年组织开展了5次食品安全与营养科普宣教活动，打造了以"食品安全五要点"为主题的测试类新媒体科普小程序——"你适不适合下厨房"，提升交流的趣味性和影响力。2018年4月，风险交流部制作的《不可忽视的食源性致病菌》系列动画入选"2017·食品药品科普最佳传播作品"，修订并重新印制了食源性致病菌宣传折页、手册和"食品安全五要点"围裙，在科普宣教活动中发放和推广。制作了《食品安全五要素之生熟食品要分开》绘本和动漫视频，通过拟人化表现形式介绍食源性疾病防控知识。组织编著了6册营养与食品安全系列科普读物，2019年初将出版其中"小标签大健康""贫困地区营养与食品安全""老年人营养与健康""挑食宝典"等四册。卢江主任亲自为该系列科普读物撰写了序言。

为深入贯彻习近平扶贫思想，按照中央和国家卫生健康委部署，开展了健康扶贫工作，与山西大宁、永和和陕西清涧、子洲四个贫困县的疾控中心合作开展的"营养和食品安全科普宣教扶贫"项目，以预防食源性疾病为切入点，充分发挥了食品评估中心食品安全科普优势，助力精准扶贫，项目取得了良好效果。2018年10月，风险交流部相关专家前往山西省大宁县和永和县、陕西省清涧县和子洲县，走进四个贫困县的中学校园，开展了营养与食品安全科普宣教活动。同时调研了当地食品安全风险交流工作情况，与集成科普宣教人员座谈，提供了专业建议，为减少"因病致贫""因病返贫"、打好脱贫攻坚战作出应有的贡献。

三、开展多层次风险交流学科研究，提高风险交流研究能力

参与《欧盟-中国地平线2020项目》，率先完成欧盟-中国地平线2020项目中的"食品安全信任塑造消费者调查研究"的问卷设计和实施工作，参与中国工程院课题咨询研究项目《食品风险评估诚信体系建设战略研究》，组织国内外五所高校的专家学者完成《婴幼儿奶粉信心与信任建设调查研究》，深入探索提升民众食品安全链信任的核心交流策略。已完成问卷设计和实施。承担了科技部国家重点研发计划《食品安全管控多维动态关联分析技术研究》课题，正在按照课题计划进行。

为跟踪调查了解我国公众食品安全风险认知状况和趋势，按照食品评估中心印发的"2018年重点工作调度表"要求，风险交流部持续开展食品安全认知研究相关工作，与5省市疾控中心合作开展我国公众食品安全综合认知调查，为交流实践提供策略支持。风险交流部在深入研究基础上，于第一季度策划了本年度食品安全认知调查研究方案，完成了《我国公众食品安全综合认知调查》问卷设计工作，经过专家论证，于第二、三、四季度与全国五个省的五家市级疾控中心合作开展调查工作，认知调查研究工作开展顺利，为交流实践提供策略支持。

四、加强能力建设，不断提高卫生健康系统专业人员的风险交流能力

积极参与2018年全国食品安全技术支撑培训项目（CFSTP）的风险交流能力培训，讲授食品安全风险交流方法与实践经验，提高开展有效风险交流技能。

五、加强网站和微信公众号管理，做好食品评估中心门户宣传

继续加强食品评估中心网站建设和管理，严格按照食品评估中心相关制

度要求审核各部门上报的网站信息内容和审批手续。2018 年度稿件的数量、质量和及时性都有所提高。严格遵守保密规定，配合做好网站信息保密工作。及时更新食品评估中心微信公众号信息。

食品安全风险评估重点实验室建设

一、科研管理

2018 年化学实验承担在研课题 16 项，包括"十三五"国家重点研发计划《食品安全关键技术研发》专项 7 项，其中主持课题研究 4 项，参与课题研究 3 项；国家自然科学基金 11 项，其中重点项目 1 项、面上项目 4 项、国际合作与交流项目 1 项、青年基金 5 项；国家粮食和储备局行业专项 1 项，中科院战略先导科技专项 1 项，北京市自然科学基金青年项目 2 项，食品评估中心青年基金 2 项。发表 SCI 论文 14 篇，核心期刊论文 14 篇，出版专著 2 部。与北京市疾控中心联合申报"食品化学危害因子标准质谱库和模拟质谱库构建"项目，与江南大学联合申报"发酵食品危害物识别监控技术及特征鉴别技术研究"项目，与中国农业大学联合申报"低温预制食品安全控制关键技术集成与应用"项目，与中国人民解放军军事科学院军事医学研究院联合申报"新发突发食品源剧高毒化学物质危害因子识别与防控关键技术研究"项目，共计 4 项国家重点研发计划《食品安全关键技术研发》专项，均获得资助。申请国家自然科学基金面上项目 3 项，青年基金项目 2 项，其中面上项目"真菌毒素中长效暴露标志物的筛查确证及暴露评估应用研究探索"，青年基金项目"脱氧雪腐镰刀菌烯醇代谢和毒性作用机制的性别差异探索研究"和"食品中隐蔽型伏马菌素的发现及其膳食暴露风险研究"获得资助。"新兴真菌毒素的分析方法研究"和"我国市售茶叶农残污染水平及特征研究"获食品评估中心青年基金资助。

2018 年微生物实验室新增科技部国家重点研发计划课题 5 项。包括：（1）科技部国家重点研发计划"重大活动食品毒害危险物全链条防范技术研究"；（2）"食品中生物性及放射性危害物高效识别与确证关键技术及产品研发"中"课题1食品中生物性及放射性危害物高效识别与确证关键技术及产品研发"和"课题4食源性寄生虫特异、高灵敏检测与确证技术的研发"；（3）"食品监管微生物追踪技术与网络平台的建立"中子课题"食品微生物溯源DNA相关质控物质的研究与评价"；（4）"食品中全谱致癌物内源代谢规律及监测技术研究——食品中生物类致癌物的监测技术研究"。（5）国际科技合作项目"基于人工智能的人禽传递耐药菌快速识别和防控技术体系研究"。发表7篇SCI论文，16篇非SCI论文。

2018年毒理实验室新立项6项课题，包括国家自然基金青年项目1项、"十三五"重点研发课题2项、分课题2项，食品评估中心青年基金1项；发表中英文文章12篇（8篇SCI文章）；主编（译）专著2本；申请发明专利2项。

二、实验室检测工作

（一）食源性致病菌的复核及耐药性检测

完成全国食品安全风险监测不同食品来源的12种共计3927株食源性致病菌复核、保藏。对3677株致病菌耐药性进行检测，累计50000余个数据，撰写完成《国家食品安全风险监测技术报告——食源性致病菌耐药监测》报告。

（二）北区食品安全保障和技术服务

在北区食品安全保障中，食品评估中心化学实验室完成了北区机关小食堂、职工食堂、文津街9号院食堂的147份调味品、48份动物源性食品、110份蔬菜样品中有害元素、农药残留、兽药残留及二氧化硫等近800项指标的检测，获得70000余条检测结果，出具检验报告9份。花椒等样品中检出了克百威、毒死蜱残留，昌鱼和草鱼样品中检出禁用的隐色孔雀石绿；青椒和茴香等样品中检出毒死蜱、油菜中检出啶虫脒等残留问题。

2018 年微生物实验室赴北区采集样品共 767 份，其中食堂原材料样品 305 份、饭菜类样品 462 份，对采集的全部样品进行了沙门氏菌、志贺氏菌、金黄色葡萄球菌、溶血性链球菌等 4 种致病菌和菌落总数、大肠菌群等卫生学指标的检验。136 份调味样品进行了黄曲霉毒素 B_1 的检验。

（三）支撑监测工作

根据风险监测一室提供的培训计划，制定污染物、农药兽药残留检测技术培训方案，举办 2 期培训班，参加培训学员近 170 余人。着重培训《国家食品安全风险监测工作手册》中关于熏烤动物性食品中多环芳烃的测定，食用纸、竹木砧板筷子等中五氯酚的测定，食品中双酚 A 和双酚 S 的测定，狗肉中琥珀酰胆碱的测定，狗肉、杏仁及杏仁制品中氰化物的测定，茶叶中真菌毒素多组分的测定，植物性样品中二硫代氨基甲酸酯的测定，植物性食品中农药残留的测定，农药残留检测中食用菌样品的前处理方法，动物性食品中林可霉素类抗生素的测定，食品中氟苯尼考和氟苯尼考胺的测定，动物性食品中喹乙醇代谢物 3-甲基喹噁啉-2-羧酸，卡巴氧及其代谢物喹噁啉-2-羧酸的测定，动物性食品中鸡蛋中氟虫腈及其代谢物的测定和动物性食品中农兽药多组分筛查技术等。同时建立了动物源性食品中农药残留多组分筛查方法，进行 3 期现场培训，协助 9 省完成 180 份鸡肉和猪肉样品测定和数据分析。建立茶叶中 4-甲基咪唑（4-MEI）等测定方法，并开展污染分析。

（四）支撑评估工作

组织实施第六次中国总膳食研究 2018 年度工作，赴河北、陕西、宁夏、青海、黑龙江、山东、山西和四川参与并指导完成现场采样，烹调制备

1680 份膳食混样样品和 800 余份单样样品；采集 800 余份母乳样品。召开 2018 年中国总膳食研究现场总结及数据应用培训班，对第六次总膳食研究现场工作进行总结，并开展总膳食研究结果在暴露分析中的应用培训。测定膳食样品中二噁英及其类似物、元素及其形态、氟虫腈及其代谢物等；建立膳食中 10 种新型真菌毒素检测方法；完成湖北省总膳食生/熟样品中农药残留测定；开展河南省 DON 和 ZEN 内暴露评估及安徽省"双份饭"的膳食暴露和内暴露评估研究，分析膳食暴露和内暴露相关性。

（五）支撑标准工作

参与制定食品中二噁英污染限量标准实施方案，研制食品中二噁英及其类似物的气相色谱－串联质谱检测方法。参与食品中玉米赤霉烯酮及其代谢物的测定等方法修订立项申请，参与食品中污染物、真菌毒素限量标准修订的技术研讨。

（六）食品快检工作

基于荧光定量分析，选择和评价不同种类的荧光微球，标记抗体并纯化，建立黄曲霉毒素 B_1、氟喹诺酮、四环素荧光定量免疫层析方法，开发 β 受体蛋白表达及其免疫层析方法。针对氯霉素、黄曲霉毒素 B_1、卡那霉素、苏丹红、氟苯尼考等快检技术需要，研究建立系列 ELISA 一步法，制备试剂盒。

三、科研和技术支撑工作

（一）二噁英类物质暴露与妊娠期糖尿病关系及相关 microRNA 差异表达研究

国家自然科学基金面上项目，2018 年完成验收。二噁英类物质是典型内分泌干扰物，可干扰胰岛素合成、分泌和信号通路等导致胰岛素抵抗和胰岛β 细胞缺陷，发生糖代谢异常。流行病学研究表明人体二噁英类物质暴露与糖代谢异常存在可能联系，孕期糖代谢异常如妊娠期糖尿病具有较高的发病率，对患者本人和子代产生严重的健康威胁并导致极大社会的负担。课题组建立了少量血清样品中 PCDD/Fs、PCBs 等环境污染物测定的同位素稀释程序升温大体积进样的高分辨气相色谱—高分辨磁质谱方法。在北京市西城区妇幼保健院招募志愿者开展巢式病例对照研究，招募到 77 名妊娠糖尿病患者组成病例组，并根据年龄作为匹配因素，按 1∶2 匹配了 154 名健康孕妇作为对照组。采用本项目中建立的分析方法，完成了这些志愿者孕早期静脉血中 PCDD/Fs，PCBs，PBDEs 和 PFASs 等多种持久性有机污染物含量分析。通过统计分析发现了一些 POPs 物质是妊娠糖尿病潜在的风险因素。根据 PCDD/Fs 和 PCBs 与 GDM 的相关系数计算了各物质的 REP，为二噁英类物质毒性当量因子的重新评估提供了新的基于流行病学研究的数据。对于 PFASs 类物质，本项目根据这些物质的结构特点分组后发现了短链 PFCAs 是妊娠糖尿病的风险因素，这一发现为评估 PFOA 和 PFOS 替代物的健康风险提供了新的思路和证据。同时在采用芯片筛选的基础上，对于病例—对照人群血清中 microRNAs 差异进行了分析。虽然在两组人群中未发现具有显著性差异的 microRNAs，但是一些 microRNAs 在 POPs 暴露分组与 GDM 疾病分组中具有交叉重叠。这一发现提示这些 microRNAs 与机体 POPs 暴露水平和 GDM 发病之间具有可能的关系，为下一步开展深入研究提供了线索。

（二）饲料中二噁英和多氯联苯在养殖鱼体内转移蓄积规律及其毒物代谢动力学模拟研究

国家自然科学基金青年基金项目，2018 年完成验收。鱼类对二噁英和多氯联苯（PCDD/Fs，PCBs）等持久性有机污染物具有较高蓄积量，养殖鱼

消费量的持续增长增加了我国人民对其的暴露风险。饲料是养殖鱼体内
PCDD/Fs，PCBs的主要来源之一。课题组模拟实际养殖条件，选择在我国
有高消费量、高污染物富集水平的罗非鱼作为实验对象，研究在实际养殖条
件下 PCB126 通过饲料在养殖食用鱼体内的转移、蓄积和清除规律；验证一
房室一级动力学模型对鱼体不同组织中 PCB126 含量预测的准确性，推导污
染物在鱼体内的动力学参数；结合我国各省居民对水产品的消费量推测我国
鱼肉和饲料的污染状况并通过逸度分析污染物在鱼体不同组织间的迁移、分
布趋势。证实了毒物动力学模型在研究和实际生产中的应用价值，为相关毒
物生物蓄积研究方法的优化提供了参考，对我国饲料及鱼肉制品中相关污染
物限量值的设定及水产养殖业具有重要参考意义，有利于保障我国食品安全
及人民身体健康。

（三）当前碘摄入水平下典型环境污染物联合暴露对甲状腺疾病
患病风险的影响

国家自然科学基金青年基金项目，2018 年完成验收。近年来我国甲状腺
良性结节、甲状腺癌等甲状腺疾病发病率呈上升趋势，全民食盐加碘受到强
烈关注甚至质疑。甲状腺疾病受多因素影响，其中环境污染因素不容忽视。
二噁英、多氯联苯、多溴联苯醚、有机氯农药、高氯酸盐等典型环境污染物
都对甲状腺有干扰作用，可增加患病风险。课题组按照配对病例对照研究设
计，招募 116 名甲状腺癌患者及配对的 116 名健康人，收集空腹静脉血和晨
尿，测定生物样品中高氯酸盐、邻苯二甲酸酯代谢物、双酚 A 及其替代物和
碘含量。在校正其他潜在混杂因素（尿碘、体表面积等）后，高氯酸盐含量
与甲状腺癌发病风险呈正相关关联，硫氰酸盐含量与甲状腺癌发病风险呈负
相关关联。随后，在正潜在混杂因素（尿碘、尿肌酐、尿高氯酸、尿硫氰酸
盐、吸烟、体质指数）后，尿液中 DEHP 代谢物甲状腺癌正相关，MBP 和
MEP 与甲状腺癌发病风险间未观察到相关性，尿液中 BPF 和 TCBPA 与甲

状腺癌正相关，但 BPA 和 BPS 则呈现负相关。研究首次揭示多种抗甲状腺物质人体暴露可能造成甲状腺癌发病风险升高，为健康评估和环境管控提供了科学数据。

（四）丁酸梭菌致婴儿肉毒中毒及肠炎发生的生态学及分子基础研究

国家自然科学基金面上项目，2018 年已结题。本项目通过病例对照研究在我国 10 省范围内对婴儿人群进行流行病学调查，采集人群粪便、食品、环境样品并同时采集市售婴儿配方粉样品进行梭状芽孢杆菌分离鉴定、毒素分型、溯源分析、致病机制和遗传基础等研究。共调查婴儿人群 213 例，采集样品 942 份，分离出梭状芽孢杆菌 173 株，其中包括丁酸梭菌 87 株，肉毒梭菌 4 株。经统计分析发现，丁酸梭菌在 NEC 病例粪便样品中的检出率与对照组相比存在显著性差异（$P < 0.05$），因此可认为 NEC 病例组粪便中丁酸梭菌的污染水平明显高于对照组。同时，两株丁酸梭菌全基因组测序结果显示，分离自 NEC 患儿粪便和暖箱内壁涂抹样品的两株丁酸梭菌基因组序列上均携带溶血素、内毒素和唾液酸酶的编码毒力基因，尤其是唾液酸酶编码基因 nanH 为两菌特有基因，且该基因位于可移动基因原件上，推测其可能是从其他致病菌转移而来。本项目的实施，可保障婴儿人群健康，为两病的诊断和治疗，污染的预防和控制等提供技术支持。

（五）保健食品用菌种致病性评价程序

原国家食药监管总局项目，2018 年已结题。按照项目要求顺利完成了各项考核指标，系统搜集并整理了大量国内外法规和标准，并召开了课题启动会、中期进展会、结题审定会等和部分菌株的二代 Illumina 测序和三代 PaBio Sequel 测序，获得菌株的 raw data 数据并对序列进行组装、功能基因的注释和破译，包括产毒基因和致病基因信息等，为菌株的致病性评价提供数据支撑。

（六）CXCR3 毒性通路研究

国家自然科学基金面上项目，2018 年度利用亚硝胺（NMBA）诱导 F344 大鼠食管癌模型研究 CXCR3 在食管肿瘤发生过程中的动态改变及其作用，并利用此模型进一步探讨了高脂饮食对亚硝胺致大鼠食管癌的影响。研究发现脂质摄入对亚硝胺诱发的大鼠食管肿瘤具有显著的影响作用，但组织中能量代谢与肿瘤发展之间的关系尚有待阐明，巨噬细胞趋化分化可能在其中发挥了重要作用。本课题将在后续研究中继续验证这一假设，从而帮助识别免疫细胞在肿瘤发生发展过程中可能受到的影响因素，如营养水平等。此外，为研究验证 CXCR3 在肿瘤微环境中的效应特征以及阐明 CXCL9/CX-CL10/CXCL11－CXCR3 信号轴在炎症反应中的时间－空间变化模式及对癌症过程的影响，课题组从 Jackson 实验室引进了 Cxcr3tm1Dgen/J 基因敲除小鼠并完成了净化、繁育和鉴定，为后续亚硝胺致癌机制及干预方法研究奠定了基础。

（七）DEHP 和乙醇联合毒性评价研究

国家自然科学基金面上项目。2018 年度采用 C57BL6 小鼠与相同遗传背景 PPARG 基因敲除小鼠进行 DEHP/乙醇经口暴露试验，验证 DEHP/乙醇联合毒性效应对 PPAR 信号通路的依赖性及作用机制，从脂质代谢、细胞增殖与凋亡、炎症反应、氧化应激等方面分析探讨 PPAR 与 DEHP/乙醇联合暴露的联系。开展了人原代肝细胞的培养、转染和染毒试验，利用 PPAR 激活剂/抑制剂等方法研究验证 DEHP/乙醇单纯或联合暴露对人肝细胞活性及功能的影响，分析判断 PPAR 在动物与人肝细胞中对于 DEHP/乙醇暴露是否存在种属差异。研究发现，DEHP 经口暴露能够导致小鼠肝脏脂质代谢异常及其在肝脏中的堆积；转录组学分析表明，PPAR 信号通路在 DEHP 诱导肝脏脂质代谢异常过程中具有关键作用，能够通过调节脂肪合成、脂质摄取、脂肪酸氧化等相关基因表达促进肝脏脂质堆积；PPARG 基因敲除可能通过上调 CD36 等脂质摄取蛋白而增加了肝脏脂质堆积；此外，肝脏细胞 PPARG 失活可能促进炎性单核细胞趋化及 M2 型分化，从而促进肝脏细胞能量代谢异常。值得注意的是，DEHP/乙醇联合暴露虽未显著增加小鼠肝脏重量，但脂质代谢方面存在差异；联合暴露在人肝细胞中能够协同增加 PPARG 基因表达并抑制细胞凋亡，提示 DEHP 与乙醇的联合毒性可能存在动物种属差异。本课题研究未发现 DEHP/乙醇联合暴露对肝脏具有显著的协同作用，但可能造成不同类型毒性效应对肝脏损伤的叠加；PPARG 信号通路在 DEHP 诱发肝脏脂质代谢异常中具有关键作用，该基因表达及调控机制可能存在种性差异。本项目为评价人类膳食中增塑剂与乙醇联合暴露的食品安全风险评估提供科学数据，为 DEHP 诱发肝损伤的毒性效应机制研究提供了新的科学参考。该项目完成了所有研究任务，已顺利结题。

（八）功能因子活性稳态递送和精准分析评价关键技术创新及应用

国家重点研发计划课题，本课题围绕专项营养功能性食品中新型功能性食品活性因子开展活性稳态、靶向释放、精准分析、功效评价的关键技术研究。2018 年主要完成了（1）功能因子研发。开展了环黄芪醇的生物富集和制备关键技术研究，优化工程菌发酵产酶条件，表征重组酶酶学性质，开展微生物发酵转化黄芪甲苷筛选研究，确定炭黑曲霉发酵转化黄芪甲苷生成 6 - O - 葡萄糖 - 环黄芪醇的最优条件；开展了低聚花青素的生物富集和制备关键技术研究，设计葡萄籽蒸汽爆破的条件，筛选出能提取出原花青素单体和多聚体的体系；开展了 4 - 乙酰基安卓奎诺尔 B 的生物富集和制备关键技术研究，得到了同时获得高产菌丝和 4 - AAQB 最适载体和具体条件，探索了牛樟芝中 4 - AAQB 的提取方法，取率可达 97%；完成牡蛎肽制备方法的研究，确定了螯合反应的影响因素（牡蛎肽与锌的浓度比、温度、pH、反应时间等），并通过正交试验进行了验证。（2）稳态递送等关键制备技术研究。通过 D-半乳糖腹腔注射诱导 C57BL/6J 小鼠氧化应激后行为学实验、Nrf2/ARE 抗氧化防御信号通路等变化，阐明芝麻酚对 D-半乳糖诱导的小鼠认知功能及氧化应激的干预作用；研究天然叶黄素包埋技术，考虑到分散性、稳定性和细胞吸收效应，确定了以 NaCas 为基体的微胶囊可作为叶黄素的应用递送载体。（3）精准分析及功效评价技术研究。建立了食品中叶黄素、玉米黄素和 β-隐黄质同时在线检测技术，并对实验建立的方法进行方法学验证，与目前常用的国标方法和超声提取方法相比，提取效果更佳；初步建立了食物中全反式虾青素、Sn-2 位脂肪酸和矢车菊色素的分析检测技术。（4）完善了利用气管滴注方式建立 PM2.5 致呼吸道损伤模型的造模方式，后续将继续优化更为稳定的肺损伤模型建立条件。

（九）转基因生物食用安全性毒理学和致敏性评价研究

转基因重大专项课题，共包括 3 个任务，分别从转基因生物特殊毒性评价、致敏性评价模型建立和食用安全性评价等方面开展研究工作。2018 年进一步完善了小鼠致敏模型，寻找致敏分子标志物，发现在致敏小鼠中 Aicda、Rgs13 及 Mybl1 等基因表达显著提高，且 IL-21，IL-17 等细胞因子对以上基因具有显著的调节作用，并初步开展了细胞因子对食物致敏调节作用分子机制的研究；建立基于斑马鱼的毒理学评价模型，主要专注于甲状腺干扰和神经行为两个方面。在观察甲状腺示踪斑马鱼卵发育过程中甲状腺发生的形态学改变，以及阳性物作用下甲状腺形态学改变，为甲状腺干扰作用下斑马鱼的表型改变积累基础数据。观察幼鱼的自主活动和光刺激明暗交替时幼鱼的行为学改变，为斑马鱼幼鱼神经行为学的毒理学评价模型的建立积累资料。

（十）芦荟凝胶食用扩量实验及技术集成

国家级星火计划项目，2018 年度完成了库拉索芦荟凝胶冻干粉原材料大鼠两代生殖毒性研究，获得了芦荟凝胶原料生殖毒性作用特点及作用剂量，提出了人群芦荟凝胶食用量的建议，有利于解决芦荟产业开发的关键技术瓶颈问题。研究成果为我国保健食品、新食品原料行政管理机构科学评价芦荟产品的食用安全性提供了科学依据；对规范市场，保证消费者身体健康，维护企业和消费者合法权益方面起到积极作用。课题研究成果将有效促进芦荟种植、加工、终端产品生产、市场销售一体化健康有序发展，对于促进我国芦荟产品加工在国际贸易中地位的提升具有积极的意义。该课题按期完成全部研究任务顺利结题。

（十一）反食品欺诈库构建与食品链脆弱性评估技术研究

食品安全关键技术研发专项。2018 年度完成了对国内食品、农产品、肉类食品数据信息进行了收集与统计分析，翻译审核了欧美国家的 NCFPD - EMA、USP - EMA、RASSF 数据库，共收集约万余条 EMA 相关事件信息，并建立了 EMA 事件管理系统、网站爬虫和公众服务微信平台，为建立中国 EMA 数据库提供数据与技术支持，极大丰富了数据库的内容，为下一步进行 EMA 事件预警平台的建立奠定了基础。此外，课题进行期间，还完成了对原代肝细胞培养模型的探索，通过对原代肝细胞直接染毒对食品中有害物质进行初筛，具有普适性，能够快速有效的检测食品中的风险组分对生物体的有害影响，为食品安全的快速检测方法提出新的可能。

（十二）食品风险组分毒理学通路鉴别确证技术研究

食品安全关键技术研发国家专项。2018 年进行了哺乳动物体内碱性彗星实验模型的探索，使其标准化，为后续食品风险组分的检测提供标准化的试验方法；完成了对于体外培养原代肝细胞彗星实验模型的探索，利用健康 SPF 级 SD 大鼠肝脏，检测受试物直接作用于肝细胞产生的 DNA 损伤作用，截至 2018 年年底已完成了模型建立，为快速检测食品中的风险组分提供了方法支持；此外，还完成了脱细胞-核彗星实验模型的建立，该方法通过细胞核 DNA 板，研究食品风险组分直接作用于细胞核 DNA 上的可能毒性，为风险组分危害识别提供便捷、快速、高效的分析方法。目前通过对 20 余种常见的食品添加剂进行了原代肝细胞的彗星实验研究，发现了部分可能产生 DNA 损伤的化学物质如三聚氰胺等，后续将进行验证实验和动物体内彗星实验用以验证相关食品风险组分的 DNA 损伤作用。

（十三）食品毒理学计划进展情况

食品毒理学计划自 2013 年至 2018 年已经 5 年，在食品评估中心领导的指导和支持下，经过几年的努力，已经获得了一系列政策支持和经费支持，工作内容逐步完善，也取得了一些成绩。2018 年继续围绕毒理学数据库、毒理学安全性评价、毒理学新技术新方法、毒理学标准、毒理学质量和能力建设等 6 大板块开展工作。

（十四）完善食品毒理学数据库

在往年的基础上，继续完善"食品毒理学数据库"，按照年度计划完成了 100 个新物质的毒理学数据入库工作，并对数据库中的部分现有物质进行了数据更新和完善。

（十五）稀土元素毒理学安全性评价研究

在前期工作基础上，继续开展相关的毒理学安全性试验，按照 OECD 试验指南和 GLP 原则，开展了代表性稀土元素镧的扩展一代生殖毒性试验，截至 2018 年年底动物试验已经完成，正在进行数据整理和汇总。

（十六）食品用纳米材料毒理学安全性评价研究

继续开展食品用纳米材料的健康效应研究，完成了两种食品用纳米材料（二氧化硅和氧化锌）的扩展一代生殖毒性试验数据的整理和报告撰写。完成了纳米氧化锌的代谢研究。

（十七）防腐剂脱氢乙酸钠毒理学安全性评价

近几年，防腐剂脱氢乙酸钠的滥用问题一直比较严重，2017年的"宁夏牛奶中毒事件"和2018年的"辣条防腐剂超标事件"均涉及脱氢乙酸钠。针对相关毒理学数据的缺乏，按照OECD试验指南和GLP原则，开展了防腐剂脱氢乙酸钠的扩展一代生殖毒性试验，截至2018年年底动物试验已经完成，正在进行相关指标测定和数据整理，该工作将为脱氢乙酸钠的风险评估和相关标准的制定修订提供科学依据。

（十八）食品评估中心基础数据库建设——微生物全基因组数据库

2018年完成1000余株微生物测序工作，初步完成全基因组测序数据分析平台整合了包括原始数据处理、菌株鉴定、基因型特征分析和分子学溯源功能的4个不同功能模块。包括：（1）全基因组拼接注释本地化分析系统。（2）基于比较基因组学的菌株鉴定工具。（3）基因型特征分析系统。（4）分子学溯源系统，基于本地化MLST（多位点序列分型）和SNP（单核苷酸多态性）数据库进行菌株分子溯源，构建系统发生树，并对菌株间进化关系进行分析。

（十九）小肠结肠炎耶尔森项目

2018年在黑龙江、上海等12个省市对猪肉、鸡肉、牛肉以及5岁以下临床腹泻儿童粪便中的小肠结肠炎耶尔森菌污染情况开展了监测和研究工作，主要内容包括：（1）小肠结肠炎耶尔森菌生物型、血清型和其致病能力之间的相关性；（2）我国食品中小肠结肠炎耶尔森菌分布特征的地区性差异；（3）小肠结肠炎耶尔森菌沿食物链的传播特征；（4）我国食源性小肠结肠炎耶尔森菌进化机制和传播途径研究。截至 2018 年 12 月底，收到检测样品 876 份，检测报告 10 份，菌株 98 株。本项目的开展为研究小肠结肠炎耶尔森菌的生物型、血清型和毒力基因之间的联系，深入认识动物源、食品源、临床患者源菌株的流行特征提供菌株了资源和基础数据。

（二十）毒蘑菇基础数据搜集工作

与我国毒蘑菇中毒高发的云南、江西、浙江、贵州 4 省疾控中心合作，开展毒蘑菇基础数据搜集工作，共采集野生蘑菇样品 483 份，提交中毒样品 8 份。483 份样品中约 38.6％（186 份）样品 DNA 提取、PCR 扩增或测序比对失败，其余样品经形态学鉴定和分子生物学鉴定，约 25.4％的样品为鹅膏属（如假褐云斑鹅膏、豹斑毒伞、块鳞灰毒鹅膏菌、假黄盖鹅膏、土红鹅膏、格纹鹅膏、白黄鹅膏、小豹斑鹅膏、灰褐鹅膏、黄毒蝇鹅膏菌、红托鹅膏菌等），12.7％为牛肝菌（褐环乳牛肝菌、白黄粘盖牛肝菌、新苦粉孢牛肝菌、双色牛肝菌等）和红菇属（细皮囊体红菇、德化野生红菇、红斑黄菇、蓝黄红菇、红菇属变种等）蘑菇。

（二十一）我国部分地区 HEV 污染情况

2018 年赴林芝、辽源、杭州、温岭、吉林、台州、盐城 7 个地区的共计 18 个菜场及小摊贩处，采集市售猪肝样本共计 200 份，利用反转录荧光 PCR 方法进行了 HEV 的检测，对这些地区 HEV 污染情况进行了分析，并尝试对阳性样本进行了基因序列的扩增。初步了解了我国部分地区 HEV 污染情况，并对前期建立的方法进行了验证。

（二十二）食品安全国家标准技术支撑工作

承担《食品安全国家标准　哺乳动物体内碱性彗星试验》的制定工作。在对该方法的国内外最新研究进展进行文献调研的基础上，确定了试验方案。通过动物试验对阳性物、染毒周期、靶器官、采样时间以及靶器官单细胞制备方法等条件进行了优化，建立了该试验的标准操作规范（SOP），并完成了国标文本初稿的撰写。选择三家具有资质的验证单位，完成了对该试验方法灵敏性与特异性的验证工作，并提交了验证报告。在方法验证的基础上，对国标文本初稿进行修改和完善，形成了讨论稿，并通过信函方式向相关机构和专家广泛征集意见。通过对相关意见和建议的整理、归纳和处理，对有分歧的意见进行专家研讨，形成了送审稿，提交至食品安全国家标准秘书处。

结合国际上创伤弧菌检验的标准方法，筛选并改良了弧菌检测选择性培养基，优化并验证了创伤弧菌检测方法，建立了一种适用于我国水产品等食品中创伤弧菌检验的标准方法，完成了《食品安全国家标准　食品微生物检验　创伤弧菌检验》国家标准的制定和方法验证工作。该标准的制定完善了我国国标食品微生物检验 GB 4789 系列，并为食品中创伤弧菌的监测、预警和风险评估提供技术支撑。

（二十三）食品安全风险评估技术支撑工作

按照任务的要求完成了专业技术报告中膳食真菌暴露评估－微生物室负责部分的工作，并总结汇报微生物的工作。开展了新兴镰刀菌毒素白僵菌素（beauvericin，BEA）、恩镰孢菌素 A（enniatin A，ENA）、恩镰孢菌素 A1（enniatin A1，ENA1）、恩镰孢菌素 B（enniatin B，ENB）和恩镰孢菌素 B1（enniatin B1，ENB1）的研究工作，完成了山东省部分地区 2017 年产玉米及其制品和小麦及其制品和我国 8 大类植物油包括花生油、玉米油、大豆油、菜籽油等 BEA、ENA、ENA1、ENB 和 ENB1 的污染情况调查。结果发现，山东省部分地区玉米及其制品和小麦及其制品易受多种六酯肽类毒素的污染，毒素污染存在种类和地域差异，建议在开展大范围监测的基础上应重点监测 BEA 的含量。此外，植物油也易受多种六酯肽类毒素的污染，毒素污染也存在种类和地域差异，应重点监测山东省、黑龙江省和贵州省等地来源的花生油和大豆油样品。

四、能力验证和能力建设

（一）国内外考核对比项目

2018 年参加了世界卫生组织（WHO）组织的外部质量认证考核（EQAS），对 8 株考核组织单位下发的沙门氏菌血清型和药物敏感性进行了鉴定。微生物实验室技术人员通过多重荧光 PCR 技术和血清凝集方法对沙门氏菌考核株进行了血清分型，通过肉汤稀释法对沙门氏菌考核株的药物敏感性进行了检验，考核结果全部正确，获得了 WHO 优秀级的评估结果。通过参加 EQAS 的考核，检验了微生物实验室人员的技术能力，提高了技术人员的检验质量。

（二）毒性病理技术能力验证

食品毒理学安全性评价之毒性病理学检查（CFSA—PT—2018—1）是国家认证认可监督管理委员会（CNCA）2018 年组织的 C 类能力验证计划项目之一。食品评估中心负责本次能力验证计划的实施，共有 30 个实验室参加，其中疾控中心实验室 24 家，其他检验检测机构 6 家。根据食品毒理学安全性评价程序的要求，在所规定需要开展毒性病理学检查的组织中，选取发生在肝脏、胃、食道、结肠上的典型病变共四例，利用数字化切片扫描方法制备成可用于毒性病理学诊断检查的测试样品，通过在线传递方式发放，并要求参与单位在规定期限内上报结果。本次能力验证项目按照 CNAS—GL02《能力验证结果的统计处理和能力评价指南》要求，邀请 3 位在毒性病理专业领域具有一定成就和良好声誉的外部专家和食品评估中心 1 名技术专家共同组成项目专家组，对结果评判等全过程给予技术指导。最终参与本项目的 30 家单位，在初测考核中均获得满意结果。通过连续开展毒性病理能力验证工作，有效提高了食品安全性评价领域毒性病理检查能力，提升了毒性病理实验室质量控制水平，从而进一步保障了食品安全性评价基础数据的质量。

（三）全国食品毒理技术能力建设

2018 年 9 月，赴食品司进行了全国食品毒理技术能力建设现状的专题汇报，得到了司领导的重视；2018 年 10 月，针对全国食品毒理相关单位开展了问卷调查，并去云南疾控中心进行了现场调研，进一步了解了地方的现状和存在的主要问题，并提出了相关的建议和措施。

五、实验室质量管理

（一）食品评估中心检验机构资质认定换证工作

根据《食品安全法》《检验检测机构资质认定管理办法》《检验检测机构资质认定评审准则》《食品检验机构资质认定管理办法》和《食品检验机构资质认定条件》的要求，食品评估中心的食品检验机构资质认定证书2018年8月29日到期，需要进行换证复评审。从 2018 年年初，质管办就开始组织以检定中心为主体的相关部门，进行方法和参数能力附表、人员岗位、设备、标准品等多方面的梳理工作，确定了复评审的申报范围，在食品评估中心领导精心组织，各部门精诚合作下，完成换证申请工作。

2018 年 7 月 23～24 日，国家认监委卫生行业评审组组织专家对食品评估中心进行现场评审，食品评估中心工作相关的每位员工认真参与，经过体系文件审核、技术资料核查、现场试验、特殊岗位人员考核等多个环节的复评审，评审组对食品评估中心的实验室管理和技术能力给予高度评价，认为食品评估中心组织结构健全，各级岗位职责明确，专业技术人员队伍能力和素质高，技术力量配备、场所和设备配置合理，技术活动过程控制措施有效，能保证独立、公正、科学、依法合规、诚信开展检验检测措施，满足食品检验机构资质认定要求。现场评审后，质管办又及时组织了整改工作和附加内审、管理评审，按期提交了整改材料，2018 年 8 月 20 日，食品评估中心获得国家认监委颁发的检验检测机构资质认定证书。

（二）2018 年食品评估中心实验室内审

2018 年 1 月 16 日，针对检定中心综合业务室、化学室、微生物室、毒理室，组织了 2017 年度食品评估中心内部审核工作，验证中心质量体系是否正常运行。由质量负责人牵头，内审员对实验室检验环境、实验室检验设备及 2018 年度的检验报告进行了仔细认真的审核，共发现 6 个不符合项，基本均为记录信息不全、信息不一致等溯源性问题，已于 1 月 26 日前分别实施纠正措施，达到了内部审核发现问题、解决问题、提升质量的目的。

2018 年，依据资质认定评审组提出的问题，又针对食品评估中心管理层进行了附加内审，验证中心管理层是否履行管理职能，结果未发现不符合项。

通过两次内审，认为食品评估中心现行管理体系符合审核准则，管理层有效地履行了资质认定相关管理规定要求的职能，确保了食品评估中心有充分的技术能力提供相应的检验服务。

（三）实验室质量管理体系培训

为学习国家相关的资质认定管理规定文件，加强对食品评估中心质量体系文件的理解，进一步提升实验室质量水平，2018 年 6 月 19 日，食品评估中心在北京举办了实验室质量体系培训班。检定中心全体人员及其他部门相关人员参加了培训，培训内容有：国家相关的资质认定管理规定文件；RB/T 214—2017 检验检测机构资质认定能力评价 检验检测机构通用要求及 ISO/IEC 17025：2017 最新变化；风险管理、方法验证、仪器检定、校准及期间核查、标准物质和标准溶液管理、测量不确定度、记录、监督、监控、内审、管评等质量管理要素解析。通过培训，将相关的管理法规文件传达到每个检验人员，进一步促进了检验质量的提升。

（四）"检验检测服务业统计工作"网上直报

根据《质检总局 国家认监委关于开展 2017 年度检验检测服务业统计工作的通知》（国质检认联函〔2018〕61 号）要求，食品评估中心从持续符合检验检测机构资质认定条件和要求的情况、遵守检验检测机构从业规范的情况和开展检验检测活动的情况三个方面，对 2018 年度的检验检测工作进行了认真梳理，采取有效措施，确保统计数据的真实准确，顺利完成了本机构的统计上报工作。

（五）实验室质量管理体系有效运行自查工作

根据《卫生行业评审组关于转发国家认监委关于检验检测机构上报 2017 年度报告及 2018 年自查工作的通知》，按照检验检测机构资质认定监督检查自查表的要求，对食品评估中心质量管理体系的管理要素和技术要素进行了详细而认真的核查，尤其对监督检查关注的问题进行了重点排查，做到查缺补漏，心中有数，为建立检验检测机构诚信档案提供了基础。

（六）组织相关岗位人员上岗培训

2018 年，组织 19 人次参加新版资质认定评审准则、动物实验人员上岗证、CNAS 主任评审员持续培训、GB 4789 食品微生物学检验实际操作技术、实验室质量监督员、内审员等与质量管理相关的专业培训。

（七）中华预防医学会卫生检验专业委员会实验室管理学组换届

2018 年 9 月 28～30 日，完成了第六届实验室管理学组的换届，并组织了 2018 年全国各领域 100 多人参加的实验室管理学术交流会。李业鹏任第六届学组组长，李燕俊为学组秘书，为食品评估中心在实验室管理领域牵头奠定了基础。

（八）实验室质量管理体系文件修订及体系落实

2018 年，修订食品评估中心质量体系文件中人员监督、内审、检验、质量监控 4 个程序配套的表格，使体系文件在满足当前管理要求的前提下，能更好地适应机构的需求，真正起到规范行为，提升质量的目的。组织 3 个实验室 10 人次的质量监督活动；组织内部质量控制活动 13 项，参加外部能力验证项目 7 项；并通过 2 次内审和 2 次管理评审，使体系文件得到了有效的贯彻落实。

（九）编撰其他技术文件

食品评估中心相关人员作为专家，参加认监委《2016 年第一批认证认可行业标准制定计划项目》中《实验室信息管理系统管理规范》和《实验室信息管理系统建设指南》行业标准的起草工作，组织翻译编写《食品微生物检测统计学》。

六、人才培养

（一）转化毒理学技术团队

团队执行负责人贾旭东研究员应世界卫生组织（WHO）邀请连续第三

年参加 FAO/WHO 食品添加剂联合专家委员会（JECFA）会议，负责食品添加剂赤藓红的风险评估。团队还通过短期出国培训和参加国内外相关学术会议等方式培养青年骨干，1 人赴英国利兹大学 3 个月，学习代谢组学等技术；3 人参加美国毒理学年会（SOT）；1 人参加转化毒理学学术研讨会，作英文口头报告并获得优秀奖。此外，多名科室骨干还参加了实验室安全员培训、病理技术培训以及其他学术会议等。团队成员还获得了一系列学术兼职，1 人当选中国毒理学会理事和替代法与转化毒理学专业委员会副主任委员；2 人当选中国毒理学会青年委员；1 人当选中华预防医学会食品卫生分会青年委员。

（二）523 人才培养

围绕精准团队人才培养目标，针对第六次中国总膳食研究与机体负荷生物样品测定需要，重点开展二噁英及其类似物、元素及其形态、氟虫腈及其代谢物、真菌毒素和农药残留等多组分测定及风险暴露评估。1 名研究人员赴英国利兹大学交流学习 3 个月，建立了生物样本中黄曲霉毒素 HPLC－FLD 的检测方法，进一步学习真菌毒素膳食暴露、内暴露及风险评估方法，追踪国际真菌毒素前沿检测技术。1 名研究人员赴加拿大多伦多大学交流学习 3 个月，重点学习了斑马鱼鱼卵实验和蛋白提取技术、温度迁移实验、MTT 细胞毒实验以及 SDS－PAGE 技术、Click Chemistry 方法、R 语言程序在非靶向筛查技术中的应用。吴永宁研究员获国际食品科学院院士称号。"重要持久性有机污染物监控技术及应用"获广东省科学技术奖励三等奖。1 名研究人员晋升副研究员。

此外，2018 年微生物实验室培养研究生 5 人，其中博士研究生 2 人（与爱尔兰都柏林大学联合培养），硕士研究生 3 人。李凤琴担任中华预防医学会食品卫生分会第五届委员会主任委员、徐进任秘书长。李凤琴、徐进为第九届国家药品标准物质委员会委员。

七、开展技术培训

2018 年，先后组织召开了食品污染物及有害因素监测网上报菌株复核及微生物质量控制考核结果研讨会、国家参比实验室技术研讨会、产毒真菌分离及鉴定研讨会、全国饲料原料真菌毒素污染调查结果研讨会，举办了国家食品安全风险监测食源性细菌和诺如病毒检验方法技术培训班、全国风险监测质量管理技术培训班、我国常见有毒蘑菇检测技术培训班，参与了中华预防医学会食品卫生分会 2018 年度学术会议暨食品检验技术进展学术论坛。继续开展食品毒理学计划年度培训，更好地推动毒理学计划的实施。

附 表

附表1 2018年起草制订技术性文件统计

（规划、规范、标准、指南、方案、操作手册、工作报告）

时　间	名　称	
2018年1月	2016—2017年禽畜水产品来源沙门氏菌耐药监测结果分析报告	
2018年1月	2017年食品安全舆情监测与分析报告	
2018年1月	婴幼儿食品中壬基酚风险评估	
2018年1—4月	2017年国家食品安全风险监测技术报告	摘要
2018年1—4月	2017年国家食品安全风险监测技术报告	元素
2018年1—4月	2017年国家食品安全风险监测技术报告	生物毒素
2018年1—4月	2017年国家食品安全风险监测技术报告	农药残留
2018年1—4月	2017年国家食品安全风险监测技术报告	有机污染物
2018年1—4月	2017年国家食品安全风险监测技术报告	食品添加剂
2018年1—4月	2017年国家食品安全风险监测技术报告	加工过程产生污染物
2018年1—4月	2017年国家食品安全风险监测技术报告	兽药残留
2018年1—4月	2017年国家食品安全风险监测技术报告	禁用药物
2018年1—4月	2017年国家食品安全风险监测技术报告	食品接触材料污染物
2018年1—4月	2017年国家食品安全风险监测技术报告	特殊膳用食品
2018年1—4月	2017年国家食品安全风险监测技术报告	肉与肉制品
2018年1—4月	2017年国家食品安全风险监测技术报告	双壳贝类
2018年1—4月	2017年国家食品安全风险监测技术报告	餐饮食品
2018年1—4月	2017年国家食品安全风险监测技术报告	乳与乳制品

续表

时　间	名　称	
2018 年 1—4 月	2017 年国家食品安全风险监测技术报告	生食蔬菜
2018 年 1—4 月	2017 年国家食品安全风险监测技术报告	水果
2018 年 1—4 月	2017 年国家食品安全风险监测技术报告	酱油
2018 年 1—4 月	2017 年国家食品安全风险监测技术报告	熟肉制品加工过程专项监测
2018 年 1—4 月	2017 年国家食品安全风险监测技术报告	含乳冷冻饮品生产加工过程监测
2018 年 1—4 月	2017 年国家食品安全风险监测技术报告	寄生虫
2018 年 1—12 月	食品安全国家标准 哺乳动物体内碱性彗星试验	
2018 年 1—12 月	食品安全国家标准 食品营养强化剂使用标准	
2018 年 1—12 月	食品安全国家标准 预包装食品营养标签通则（GB 28050 标准修订稿）	
2018 年 1—12 月	食品安全国家标准 婴儿配方食品	
2018 年 1—12 月	食品安全国家标准 较大婴儿配方食品	
2018 年 1—12 月	食品安全国家标准 幼儿配方食品	
2018 年 1—12 月	食品安全国家标准 预包装食品营养标签通则	
2018 年 1—12 月	食品安全国家标准 特殊医学用途婴儿配方食品通则	
2018 年 1—12 月	食品安全国家标准 特殊医学用途配方食品通则	
2018 年 1—12 月	食品安全国家标准 婴幼儿罐装辅助食品	
2018 年 1—12 月	食品安全国家标准 婴幼儿谷类辅助食品	
2018 年 1—12 月	食品安全国家标准 辅食营养补充品	
2018 年 1—12 月	食品安全国家标准 老年食品通则	
2018 年 1—12 月	酒酿	
2018 年 1—12 月	食品中致病菌限量	
2018 年 1—12 月	乳粉	

续表

时　间	名　称
2018 年 1—12 月	食品加工用菌种
2018 年 1—12 月	铁路餐饮加工与配送卫生规范
2018 年 1—12 月	食品中污染物限量
2018 年 1—12 月	食品中真菌毒素限量
2018 年 1—12 月	食品中黄曲霉污染的控制规范
2018 年 1—12 月	食品冷链卫生规范
2018 年 1—12 月	婴幼儿配方食品良好生产规范
2018 年 1—12 月	餐饮服务通用卫生规范
2018 年 1—12 月	《食品安全国家标准　罐头食品生产卫生规范》实施指南
2018 年 1—12 月	《食品安全国家标准　畜禽屠宰加工卫生规范》实施指南
2018 年 1—12 月	《食品安全国家标准　水产制品生产卫生规范》实施指南
2018 年 1—12 月	《食品安全国家标准　航空食品卫生规范》实施指南
2018 年 1—12 月	食品安全国家标准　预包装食品标签通则
2018 年 1—12 月	食品安全国家标准　茶叶
2018 年 1—12 月	食品安全国家标准　食品用菌种
2018 年 1—12 月	食品安全国家标准　食品用菌种生产卫生规范
2018 年 2 月	2017 年全国食源性疾病监测结果分析报告
2018 年 3 月	婴幼儿配方奶粉中蜡样芽孢杆菌污染的定量风险评估
2018 年 3 月	婴幼儿配方奶粉中阪崎肠杆菌污染的定量风险评估
2018 年 3 月	中国居民膳食脱氧雪腐镰刀菌烯醇暴露风险评估报告
2018 年 3 月	中国居民膳食铜摄入及其风险评估报告
2018 年 4 月	中国居民食物消费状况调查工作方案
2018 年 4 月	《食品安全国家标准　食用动物血制品》等食品安全国家标准相关材料
2018 年 4—9 月	食品安全标准管理办法
2018 年 5 月	我国 0—3 岁幼儿双酚 A 的积聚暴露评估报告

续表

时　间	名　称
2018 年 5 月	2017 年食品安全国家标准跟踪评价工作总结
2018 年 5 月	2018 年第一季度全国食源性疾病事件监测报告
2018 年 5 月	2018 年第一阶段食品污染物和有害因素监测结果的报告
2018 年 5—10 月	2019 年国家食品安全风险监测计划
2018 年 6 月	2010—2017 年餐饮业食源性疾病事件监测结果分析报告
2018 年 6 月	2018 年婴幼儿谷类辅助监测结果的报告
2018 年 6 月	2018 年上半年婴幼儿谷类辅助食品微生物监测结果的报告
2018 年 6 月	婴幼儿配方食品和辅助食品铝暴露风险评估报告
2018 年 6 月	婴幼儿谷类辅助食品中镉健康风险评估
2018 年 7 月	2018 年上半年江西婴幼儿谷类辅助食品微生物监测结果的报告
2018 年 7 月	2018 年第二季度全国食源性疾病事件监测报告
2018 年 7 月	2018 年第二阶段食品污染物和有害因素监测结果的报告
2018 年 7—11 月	2019 年国家食品污染物和有害因素风险监测工作手册
2018 年 8 月	沙门氏菌耐药监测有关情况报告
2018 年 9 月	关于 1—8 月份食品安全地方标准立项咨询及备案情况的函
2018 年 9 月	食品安全国家标准审评委员会换届工作安排
2018 年 9 月	食品安全国家标准审评委员会组成方案
2018 年 9 月	中国居民膳食氯丙醇酯和缩水甘油酯风险评估报告
2018 年 9 月	国家食品安全风险评估中心舆情监测与处置管理办法
2018 年 10 月	2018 年第三季度全国食源性疾病事件监测报告
2018 年 10 月	咖啡日平均饮用量的风险受益分析报告
2018 年 10 月	餐饮相关标准和监测等工作相关材料
2018 年 10 月	《食品安全国家标准　食品中污染物限量》征求意见的相关材料
2018 年 10 月	新食品原料、食品添加剂新品种、食品相关产品新品种技术评审工作规范（暂行）
2018 年 10—12 月	食品安全国家标准 食品中二噁英及其类似物毒性当量的测定
2018 年 11 月	2018 年全国食源性疾病暴发监测报告

续表

时　间	名　称
2018年11月	2019年国家食品安全风险监测计划
2018年11月	关于提供《酱油》等标准宣传解读材料
2018年11月	食品接触材料及制品迁移试验实施指南
2018年11月	中国居民膳食多环芳烃风险评估报告
2018年11月	虫草菌类新食品原料申报材料要求
2018年12月	食品安全国家标准 食品接触材料及制品用粘合剂
2018年12月	食品安全国家标准 食品接触材料及制品迁移试验通则
2018年12月	《食品安全国家标准 食品添加剂焦磷酸四钾》等15项磷酸盐标准
2018年12月	食品安全国家标准 食品添加剂DL-丙氨酸
2018年12月	食品安全国家标准 食品添加剂L-苏氨酸
2018年12月	国家食品安全风险监测技术报告—食源性致病菌耐药监测
2018年12月	保健食品用菌种致病性评价程序
2018年12月	2017年国家食品安全风险监测技术报告—草莓和马铃薯中农药残留筛选结果报告
2018年12月	食品安全国家标准检验方法类标准协作组工作2018年总结报告
2018年12月	食物消费量调查技术指南
2018年12月	中国居民食物消费量调查基本概念及常见问题解答
2018年12月	关于行政许可及食品安全地方标准备案等有关问题的材料
2018年12月	2019年食源性疾病监测工作手册
2018年12月	食品安全风险评估毒理学数据相关性评价指南
2018年12月	保健食品原料安全性评估技术指南
2018年12月	谷氨酸及其盐危害评估报告

附表 2　2018 年参与处理的食品安全事件工作

时　　间	内　　容
2018 年 3 月	中南海北区疑似食物中毒事件处理
2018 年 6 月	寄生虫应急监测
2018 年 10 月	非洲猪瘟疫情中食品安全有关舆情应对
2018 年 10 月	辣条中拟使用食品添加剂应急风险评估
2018 年 10 月	食糖中二氧化硫应急风险评估
2018 年 11 月	食品添加剂脱氢乙酸及其钠盐在辣条中使用安全性的初步分析
2018 年 12 月	注药注水肉相关食源性疾病监测
2018 年 12 月	注水肉中药物残留应急风险评估

附表3　2018年举办的会议

时　间	名　称	地点
2018年1月	磷酸盐等15项标准修订工作第一次会议	北京
2018年1月	中国居民膳食铜摄入风险评估工作组第六次会议	北京
2018年1月	2018年第一次食品添加剂新品种评审会	北京
2018年1月	2018年第一次食品添加剂新品种风险评估研讨会	北京
2018年1月	2018年第一次食品相关产品新品种评审会	北京
2018年1月	食品污染物及有害因素监测网上报菌株复核及微生物质量控制考核结果研讨会	北京
2018年1月	《食品冷链卫生规范》项目启动会	北京
2018年1月	婴幼儿食品中壬基酚风险评估定稿会	北京
2018年2月	食品安全风险评估毒理学数据相关性评价体系专家研讨会	北京
2018年2月	真菌毒素标准修订项目启动会	北京
2018年2月	《水产调味品》和《藻类及其制品》食品安全国家标准研讨会	北京
2018年2月	2018年中国居民食物消费状况调查方案研讨会	北京
2018年2月	2018年第一次新食品原料评审会	北京
2018年3月	第50届国际食品添加剂法典委员会	厦门
2018年3月	婴幼儿辅助食品标准修订启动会	广州
2018年3月	2018年第二次食品添加剂新品种评审会	北京
2018年3月	《食品接触材料及制品迁移试验通则》标准修订启动会	北京
2018年3月	2018年第二次食品相关产品新品种评审会	北京
2018年3月	白花蛇舌草相关问题研讨会	北京
2018年3月	2017年国家食品安全风险监测技术报告审定会	北京
2018年3月	2017年食品安全舆情监测与研判工作研讨会	北京
2018年3月	风险评估专家委员会第十三次全体会议	北京
2018年3月	新食品原料相关问题研讨会	北京

续表

时　间	名　称	地点
2018 年 3 月	婴幼儿配方奶粉中阪崎肠杆菌暴露的定量风险评估工作研讨会	北京
2018 年 4 月	食品添加剂谷氨酸盐安全性评估工作研讨会	北京
2018 年 4 月	2018 年第一次新食品原料风险评估研讨会	北京
2018 年 4 月	食品中呋喃和咖啡因风险评估项目启动会	北京
2018 年 4 月	2018 年第二次新食品原料评审会	北京
2018 年 4 月	《食品中致病菌限量》修订项目工作组会议	北京
2018 年 4 月	2018 年中国居民食物消费量调查工作方案专家研讨会	北京
2018 年 4 月	食品营养强化剂系列标准研讨会	北京
2018 年 4 月	中国居民市售加工食品游离糖风险评估方案研讨会	北京
2018 年 4 月	GB 2760 修订工作组第四次会议	北京
2018 年 4 月	产毒真菌分离及鉴定研讨会	北京
2018 年 4 月	全国饲料原料真菌毒素污染调查结果研讨会	北京
2018 年 4 月	食品毒理学计划培训	北京
2018 年 4 月	婴幼儿配方食品系列标准修订第五次工作组会议	北京
2018 年 4 月	特殊医学用途配方食品系列标准协调会	北京
2018 年 4 月	老年营养食品标准协调会	北京
2018 年 4 月	食品安全风险监测参比实验室工作研讨会	武汉
2018 年 5 月	婴幼儿配方食品系列标准修订专家研讨暨行业征求意见会	北京
2018 年 5 月	婴幼儿辅助食品标准修订工作会	2018 年北京
2018 年 5 月	中国居民食物消费状况调查数据清理及调查报告撰写研讨会	北京
2018 年 5 月	营养相关标准体系研讨会	北京
2018 年 5 月	2018 年第三次食品相关产品新品种评审会	北京
2018 年 5 月	2018 年第三次食品添加剂新品种评审会	北京

续表

时　间	名　称	地点
2018 年 5 月	《食品接触材料及制品用粘合剂》标准暨原料管理模式研讨会	北京
2018 年 5 月	2018 年中德食品安全风险监测工作交流研讨会	北京
2018 年 5 月	林蛙及林蛙油相关问题研讨会	北京
2018 年 5 月	食源性疾病监测数据分析研讨会	北京
2018 年 5 月	食品中化学物加工因子参数构建工作研讨会	北京
2018 年 5 月	膳食真菌毒素暴露评估工作研讨会	北京
2018 年 6 月	风险评估专家委员会第十四次会议	北京
2018 年 6 月	婴幼儿配方食品和辅助食品铝暴露风险评估报告研讨会	北京
2018 年 6 月	2018 年第三次新食品原料评审会	北京
2018 年 6 月	谷类及其加工制品中伏马菌素风险评估报告内容研讨会	北京
2018 年 6 月	乳及乳制品标准修订项目研讨会	北京
2018 年 6 月	《食品冷链卫生规范》项目研讨会	北京
2018 年 6 月	理化检验方法标准研讨会	北京
2018 年 6 月	乳铁蛋白标准有关问题研讨会	北京
2018 年 6 月	微生物检验方法标准研讨会	北京
2018 年 6 月	2018 年第二次食品添加剂和食品相关产品新品种风险评估研讨会	北京
2018 年 6 月	2019 年微生物监测计划和工作手册编写讨论会	北京
2018 年 6 月	熟肉制品加工过程监测报告研讨会	北京
2018 年 6 月	2019 年国家食品安全风险监测计划和工作手册研讨会	北京
2018 年 7 月	食品评估中心实验室质量体系完善研讨会	北京
2018 年 7 月	《食源性疾病监测、溯源与预警技术研究（2017YFC1601500）》项目启动暨实施方案论证会	北京
2018 年 7 月	熟肉制品等中金黄色葡萄球菌污染定量风险评估项目方案研讨会	北京

续表

时　　间	名　　称	地点
2018 年 7 月	麦冬须根相关问题研讨会	北京
2018 年 7 月	规范分委会第十四次会议	北京
2018 年 7 月	"食品安全数据融合与可视化应用技术"项目启动会	北京
2018 年 7 月	城市老年人群供餐现状与需求项目研讨会	北京
2018 年 7 月	2018 年第四次食品添加剂新品种评审会	北京
2018 年 7 月	2018 年第四次食品相关产品新品种评审会	北京
2018 年 7 月	《食品接触材料及制品用油墨》标准研讨会	北京
2018 年 7 月	国家食品微生物基因组数据库应用研讨会	北京
2018 年 7 月	"食品中化学污染物监测检测及风险评估数据一致性评价的参考物质共性技术研究"项目启动暨实施方案论证会	北京
2018 年 7 月	"食品污染物暴露组解析和总膳食研究"项目启动暨实施方案论证会	北京
2018 年 7—9 月	"十三五"标准课题研讨会	北京
2018 年 8 月	特殊医学用途婴儿配方食品标准修订专题研讨会	北京
2018 年 8 月	2018 年第三次食品添加剂和食品相关产品新品种风险评估研讨会	北京
2018 年 8 月	中华预防医学会食品卫生分会 2018 年度学术会议暨食品检验技术进展学术论坛	西宁
2018 年 8 月	2019 年微生物监测工作手册研讨会	北京
2018 年 8 月	污染物及真菌毒素标准研讨会	北京
2018 年 8 月	动物性水产品种总 α、总 β 放射性相关问题研讨会	北京
2018 年 8 月	2019 年食源性疾病监测计划暨监测数据分析研讨会	北京
2018 年 8 月	《食品中致病菌限量》及《食品微生物检验采样与检样处理规程》修订项目工作组会议	北京
2018 年 8 月	2018 年第二次新食品原料风险评估研讨会	北京
2018 年 8 月	中国膳食多环芳烃风险评估报告研讨会	北京

续表

时　间	名　称	地点
2018 年 8 月	2018 年第四次新食品原料评审会	北京
2018 年 9 月	QSAR 和交叉参照在风险评估中的应用研讨会	北京
2018 年 9 月	中国膳食多环芳烃风险评估报告定稿会	北京
2018 年 9 月	食源性疾病事件监测系统升级研讨会	北京
2018 年 9 月	食品污染物标准研讨会	北京
2018 年 9 月	规范分委会第十五次会议	成都
2018 年 9 月	《食品冷链卫生规范》项目研讨会	北京
2018 年 9 月	食品安全风险监测化学污染物检测方法研讨会	北京
2018 年 9 月	虹鳟鱼中寄生虫监测项目研讨会	北京
2018 年 9 月	2018 年第五次食品相关产品新品种评审会	北京
2018 年 9 月	2018 年第五次食品添加剂新品种评审会	北京
2018 年 9 月	中国市售加工食品游离糖含量数据征集及分析方法研讨会	北京
2018 年 9 月	《食品营养强化剂使用标准》修订工作会议	北京
2018 年 9 月	食品安全风险—受益模型构建方法技术研讨会	北京
2018 年 9 月	中国居民食物消费状况调查报告研讨会	北京
2018 年 9 月	《预包装食品营养标签通则》修订工作会议	北京
2018 年 10 月	食品添加剂分委员会第十四次会议	北京
2018 年 10 月	2018 年第四次食品相关产品新品种风险评估研讨会	北京
2018 年 10 月	2018 年第六次食品添加剂新品种评审会	北京
2018 年 10 月	CFSA—EFSA 食品接触材料与食品添加剂安全性管理研讨会	北京
2018 年 10 月	检验方法类食品安全国家标准研讨会	北京
2018 年 10 月	婴幼儿辅助食品标准修订第二次工作组会议	北京
2018 年 10 月	乳制品标准研讨会	北京

续表

时　间	名　称	地点
2018 年 10 月	能力验证考核及实验室质控研讨会	北京
2018 年 10 月	2018 年第五次新食品原料评审会	北京
2018 年 10 月	QSAR 和交义参照在风险评估中的应用指南撰写启动会	北京
2018 年 11 月	风险监测质量管理技术规范研讨会	北京
2018 年 11 月	婴幼儿配方食品系列标准征求意见通报会	北京
2018 年 11 月	第 40 届营养和特殊膳食食品法典相关议题专家研讨会	北京
2018 年 11 月	老年食品及特医系列标准征求意见处理会	北京
2018 年 11 月	2018 年第七次食品添加剂新品种评审会	北京
2018 年 11 月	2018 年第六次食品相关产品新品种评审会	北京
2018 年 11 月	食品相关产品分委会第十次会议	北京
2018 年 11 月	第一届食品安全国家标准审评委员会食品产品分委员会第十四次会议	北京
2018 年 11 月	规范分委会第十六次会议	北京
2018 年 11 月	"食品安全数据融合与可视化应用技术"项目研讨会	北京
2018 年 11 月	乳制品标准研讨会	北京
2018 年 11 月	第一届食品安全国家标准审评委员会污染物分委员会第八次会议	北京
2018 年 11 月	亚洲食品法典战略研讨会	北京
2018 年 11 月	第一届食品安全国家标准审评委员会第十四次主任会议	北京
2018 年 11 月	2018 年第三次新食品原料风险评估研讨会	北京
2018 年 11 月	纳米食品接触材料迁移工作会议	北京
2018 年 11 月	虫草类真菌新食品原料安全性评价资料要求和评价技术要点研讨会	北京
2018 年 12 月	国家食品微生物全基因组数据库建设进展研讨会（2次）	北京
2018 年 12 月	不锈钢和铝制品中重金属风险评估项目研讨会	北京

续表

时　　间	名　　称	地点
2018 年 12 月	婴幼儿辅助食品标准修订征求意见会	北京
2018 年 12 月	食品营养标准体系研讨会	北京
2018 年 12 月	第一届食品安全国家标准审评委员会检验方法与规程分委员会（理化组）第二十六次会议	北京
2018 年 12 月	第一届食品安全国家标准审评委员会检验方法与规程分委员会（微生物组、毒理组）第二十七、二十八次会议	北京
2018 年 12 月	《营养素及相关物质风险评估工作指南》草案研讨工作会议	北京
2018 年 12 月	《贫困地区营养与食品安全》科普书研讨会	北京
2018 年 12 月	食物中营养成分与有害因素的风险收益评估模型研讨会	北京
2018 年 12 月	《2019 年食源性疾病监测工作手册》暨《监测报告工作规范》研讨会	北京
2018 年 12 月	茶叶标准起草工作组会议	北京
2018 年 12 月	国家食品安全风险评估专家委员会会议	北京

附表 4　2018 年举办的技术培训活动

时　间	名　称	地点
2018 年 1 月	2018 年食品安全风险监测工作培训班	杭州
2018 年 3 月	2018 年全国食源性疾病监测与流行病学调查第一期培训班	太原
2018 年 3 月	2018 年全国食源性疾病监测与流行病学调查第二期培训班	济南
2018 年 3 月	2018 年全国食源性疾病监测报告系统培训班	南京
2018 年 3 月	2018 年食品微生物风险监测数据信息上报培训班	哈尔滨
2018 年 3 月	2018 年食品化学污染物及有害因素监测数据上报系统培训班	呼和浩特
2018 年 4 月	国家食品安全风险监测食源性细菌和诺如病毒检验方法技术培训班	北京
2018 年 4 月	2018 年国家食品安全风险监测污染物检测技术培训班	合肥
2018 年 4 月	2018 年国家食品安全风险监测农兽药残留检测技术培训班	武汉
2018 年 4 月	2018 年全国食源性疾病分子溯源网络（TraNet）第一期培训班	郑州
2018 年 4 月	2018 年全国食源性疾病分子溯源网络（TraNet）第二期培训班	成都
2018 年 6 月	2018 年中国居民食物消费状况调查培训班	北京
2018 年 6 月	实验室质量体系培训班	北京
2018 年 6－7 月	"吃出健康，吃的安全"食品安全进社区科普宣教活动	北京
2018 年 8 月	我国常见有毒蘑菇检测技术培训班	北京
2018 年 10 月	中国居民食物消费量数据清理培训班	北京
2018 年 10 月	食品安全科普扶贫活动	山西
2018 年 11 月	检验方法类食品安全国家标准协作组工作培训班	北京
2018 年 11 月	食品安全进幼儿园科普宣教活动	北京

附表 5　2018 年基层调研

时间	内　容	地点
2018 年 4 月	食品冷链安全控制措施调研	上海
2018 年 6 月	2018 年湖南省虹鳟鱼养殖场调研	湖南
2018 年 7 月	食品安全标准相关工作调研	无锡
2018 年 7 月	食药物质管理调研	黑龙江、吉林
2018 年 8 月	山西省、陕西省监测质量控制调研	山西、陕西
2018 年 8—10 月	消费量调查督导	大庆、南昌、重庆等
2018 年 9 月	食品安全标准管理工作调研	河南、湖南、重庆
2018 年 9—10 月	国民营养计划——临床营养工作调研	北京、天津、四川
2018 年 10 月	消费量调查中期交叉督导	贵阳
2018 年 10 月	县乡村一体化基层工作经验交流	河北
2018 年 10 月底—11 月初	基层食品安全工作调研	广东
2018 年 11 月	玻璃纸生产情况调研	潍坊
2018 年 11 月	新型水性涂料生产情况调研	海口
2018 年 11 月	食品安全相关工作调研	云南
2018 年 11 月	食源性疾病监测工作调研	吉林
2018 年 11—12 月	2018 年食品安全风险监测现状、能力建设及质量控制调研	广东、云南、内蒙古等
2018 年 12 月	食品司组织开展的卤花生、泡椒花生类产品的标准与监管问题调研	福建
2018 年 12 月	食品安全相关工作调研	内蒙古
2018 年 12 月	食品安全工作调研	贵州

第三部分　活动和会议

重要活动

食品评估中心在全国政协会议上发声

2018年3月3～15日，全国政协十三届一次会议在北京召开。全国政协委员、食品评估中心党委书记、主任卢江参加了本次大会。卢江委员从保障人民群众"舌尖上的安全"方面，提交了"强化技术支撑体系，筑牢食品安全屏障"的提案。提案通过分析新时期食品安全及其技术支撑领域面临的挑战和问题，提出成立国家食品安全科学研究院，建立统一、权威的国家级食品安全技术支撑机构，强化技术支撑机构基础建设；加强食品安全技术支撑人才队伍建设，出台食品安全科技人才的岗位激励政策，逐渐依靠政策调整人才布局失衡和人才流失等问题；加强食品安全技术支撑网络建设和融合发展，形成"大食品安全"格局；配合我国外交大局和"一带一路"倡议，建设既融入国际又具有中国特色的食品安全技术支撑体系。

会议期间，卢江委员接受了光明日报、健康报、中国医药报、中国工业报等多家媒体采访，积极履行委员的参政议政职责，为国家食品安全事业发展建言献策，鼓舞全国食品安全科学技术工作者用科技之"盾"筑牢食品安全"屏障"，继续为老百姓"舌尖上的安全"保驾护航。

国家食品安全风险评估专家委员会第十三次全体会议在北京召开

2018年3月20日，国家食品安全风险评估专家委员会（以下简称"委员会"）在北京召开第十三次全体会议。国家卫生计生委食品司副司长张志强、副巡视员李泰然，食品评估中心副主任严卫星、纪委书记王竹天、副主任李宁出席会议。委员会委员、国家卫生健康委食品司评估处领导和秘书处

（食品评估中心）人员50人参加了会议。会议由副主任委员陈宗懋院士和庞国芳院士主持。

李泰然副巡视员在讲话中充分肯定了委员会2017年为落实国家卫生健康委要求所开展的各项风险评估工作，高度评价了委员会在我国风险评估体系建设、食品安全科学咨询和突发事件应对处置等工作中发挥的一锤定音作用。李泰然副巡视员指出，2018年委员会和秘书处要依法履职，突出重点作好评估工作，评估工作计划要重视有关部门的意见和建议，立足解决实际问题，提高针对性和时效性；要加强交流，进一步发挥委员会作用，为保障人民群众饮食健康发挥专家智库作用。

会议总结了委员会2017年工作，审议并通过了中国居民膳食脱氧雪腐镰刀菌烯醇、壬基酚和铜暴露以及贝类海产品中副溶血性弧菌污染等4项优先评估项目技术报告，讨论了我国2018—2020年优先评估项目计划等下一步工作。陈君石主任委员在总结中认为，委员会自成立以来，在落实《食品安全法》法定职责，促进多部门、多学科、多地区以及国家和地方工作融合中发挥了重要作用；通过委员会委员和秘书处的辛勤工作，我国食品安全风险评估体系建设初具规模，评估项目质量越来越好，技术文件不断完善，评估水平不断提高。陈君石主任委员强调，今后委员会将根据工作需要，紧紧围绕管理需求，进一步优化配置，为我国食品安全工作贡献更大智慧。

第50届国际食品添加剂法典委员会会议在厦门召开

2018年3月23～30日，第50届国际食品添加剂法典委员会（CCFA）会议在厦门举行，来自54个成员国和1个成员组织（欧盟）及32个国际组织的300余名代表参加了本届会议。

此次会议是中国担任CCFA主持国以来举办的第12次会议，也是CCFA及其前身国际食品添加剂与污染物法典委员会（CCFAC）会议的50周年。会议由国家卫生健康委主办，食品评估中心承办。食品评估中心樊永祥研究员作为新任主席主持了本届会议。

受国家卫生健康委曾益新副主任委托，国家卫生健康委食品司负责同志为大会致开幕辞。他表示，国际食品添加剂法典委员会已成为各国和国际组织交流食品添加剂管理工作的沟通平台，增进了各国食品安全管理工作的理解和信任，也促进了食品添加剂行业的发展，对维护消费者健康，提高食品安全管理水平发挥了积极作用。中国政府高度重视对国际食品法典标准的参与，并将一如既往地作好 CCFA 会议主持的各项工作。

食品评估中心主要负责同志代表 CCFA 秘书处，向国际食品法典委员会秘书处、FAO 和 WHO 代表及各国和国际组织参会代表对 CCFA 秘书处的帮助和支持表示衷心感谢。她表示，承担 CCFA 组织工作为食品评估中心乃至中国食品安全工作创造了广阔的国际交流平台，食品评估中心将借助此平台与世界各国同行共同探讨国际食品添加剂管理工作，提升中国食品安全的管理水平。

厦门市副市长国桂荣代表厦门市政府致欢迎辞。联合国粮农组织（FAO）Markus LIPP 博士、世界卫生组织（WHO）Angelika TRITSCHER 博士、国际食品法典委员会（Codex）秘书长 Tom HEILANDT 先生分别代表 FAO、WHO 和 Codex 秘书处对 CCFA50 周年表示祝贺，并感谢中国作为主持国政府为国际食品法典工作作出的贡献。

在开幕式上，食品司负责同志代表国家卫生健康委为 CCFA 前主席陈君石院士授予名誉主席称号，以感谢陈院士 12 年以来对 CCFA 工作的卓越贡献。开幕式期间还播放了因即将退休未能出席会议的国际食品法典秘书处资深标准官员 Annamaria BRUNO 女士的祝福视频，并对她数十年来对 CCFA 的辛勤付出表示感谢。

本次会议重点讨论了食品添加剂法典通用标准（GSFA）、食品添加剂编码系统（INS）、联合国粮农组织/世界卫生组织食品添加剂联合专家委员会（JECFA）优先评估的食品添加剂名单、食品添加剂质量规格标准的修订工作，并将讨论通过 400 余条国际食品添加剂使用规定。

来自国家卫生健康委、农业农村部、市场监管总局、国家粮食和物资储备局、香港食物环境卫生署、澳门民政总署及食品添加剂协会的 18 名代表组成的中国代表团参加会议。中国代表团牵头起草了 CCFA 未来的战略规划，并积极参与食品添加剂法典通用标准的讨论修订工作。中国将以 CCFA 会议作为交流平台，积极开展与相关各方的合作和交流，全面提升国内食品安全管理水平。

陈君石总顾问"不可忽视的食源性致病菌"系列动画入选"2017·全国食品药品科普排行榜"

在国家食药监管总局举办的"2017·全国食品药品科普排行榜"征集活动中，经筛选初评、公众关注度测评、专家终评和公示等程序，食品评估中心陈君石总顾问入选"2017·食品药品科普特别贡献人物"，食品评估中心制作的《不可忽视的食源性致病菌》系列动画入选"2017·食品药品科普最佳传播作品"。

吴永宁研究员被增选为国际食品科学院院士

2018 年 4 月 21 日，国际食品科学院（International Academy of Food Science and Technology，IAFoST）公布了每两年一次的院士增选结果，食品评估中心技术总师吴永宁研究员当选该院新一届院士，是食品评估中心继陈君石院士、刘秀梅研究员后第三位进入 IAFoST 的专家，显示了食品评估中心领军人才在全球食品科技领域的影响力和同行认可度。

国际食品科学院成立于 1997 年，是国际食品科技联盟（International Union of Food Science and Technology，IUFoST）设立的由杰出食品科技专家组成的学术机构，是一个独立的、非盈利性、非政府性的全球性学术组织。国际食品科学院每两年增补一次院士，每次增选新院士不超过 30 名，由在全球食品科技领域作出突出贡献的国际杰出专家学者中选举产生。国际食品科学院院士代表了全球食品科技专家的最高荣誉。

吴永宁研究员现任食品评估中心技术总师、原卫生部食品安全风险评估重点实验室主任。主要研究方向为食品化学与污染监控。近年牵头开展中国总膳食研究及其机体负荷监控技术研究，发展化学污染物暴露组表征与评估技术。2017年作为中方牵头人主持欧盟地平线2020计划中欧食品安全伙伴计划国际合作项目。吴永宁研究员2007年入选国家新世纪百千万人才工程，2010年享受国务院特殊津贴，先后荣获吴阶平—保罗·杨森医学药物奖（公共卫生，2011年）、原卫生部有突出贡献中青年科学家（2012年）、美国药典委员会标准突贡献奖（2016年），全国创新争先奖（2017年）。现兼任WHO食品污染物监测合作中心（中国）主任；FAO/WHO食品添加剂联合专家委员会（JECFA）资深专家（2017—2021）；WHO耐药性技术顾问专家委员会委员；美国药典委员会（USP）食品原料专家委员会专家兼食品化学法典（FCC）重金属分委员会主任、蓄意添加专家组专家、标准物质联合委员会（J3）专家；国务院食品安全委员会专家委员会委员（2014年至今）。

特殊医学用途配方食品系列标准协调会在北京召开

特殊医学用途配方食品受到全社会广泛关注，制定、完善和细化相关标准是落实《国民营养计划（2017—2030年）》的重要举措之一。

根据原国家卫生计生委办公厅《关于印发2016年度食品安全国家标准项目计划（第二批）的通知》要求，相关单位完成了《特殊医学用途配方食品通则》（以下简称"通则"）以及配套的《糖尿病全营养配方食品》《肿瘤全营养配方食品》《炎性肠病全营养配方食品》等标准制定与修订工作。为了对标准内容进行讨论，并协调标准之间、标准与有关管理办法之间的问题，食品评估中心于2018年4月18～19日在北京组织召开了特殊医学用途配方食品系列标准协调会。

会议由食品评估中心李宁副主任和韩军花研究员分别主持，食品评估中心严卫星副主任、国家卫生健康委宫国强处长、国家卫生健康委医院管理研究所张旭东副所长、市场监管总局辛敏通副处长、国家中药品种保护审评委员会、解放军总医院、北京协和医院、中国医学科学院肿瘤医院、四川大学华西医院相关专家、行业协会代表等50余人参加了本次会议。

会上，各标准起草人分别汇报了标准制定的基本情况和各指标设置与修改的科学依据，河北省食品检验研究院有关专家介绍了特殊医学用途配方食品抽检过程中发现的检验方法适用性问题，标准委员会秘书处人员对通则与配套的产品标准的指标差异进行了比对。

针对通则与配套的产品标准之间的关系，会议经过充分讨论并一致认为，各类疾病的营养需求有其特殊性，因此在制定配套产品标准时应充分考虑国内外可信的科学证据，调整有关营养素指标；如果特异性不明显或者证据不充分，相关指标尽量与通则保持一致；另外，由于特医食品基质和配方的特殊性，并且当前市场样品较少，需要在行业的进一步配合下，对检验方法的适用性进行系统梳理。会议还对通则（修订版）中非全营养配方食品产品类别及技术指标等内容进行了讨论。

为完善特医食品标准体系，秘书处鼓励相关单位积极提出2018年特医食品国家标准立项建议，进一步丰富和完善有关标准。

最后，韩军花研究员对标准起草人在标准制定与修订过程中的努力工作和与会专家的积极建议表示感谢，标准秘书处将积极协助相关单位，完成标准起草工作，及时报送上级管理部门以广泛征求社会意见。

"食品安全与营养健康"主题论坛开讲

2018年5月18日上午，"食品安全与营养健康"主题论坛如期在济南举办。论坛邀请了食品安全、营养健康、大数据等方面的专家，分别从我国的食品安全国家标准、国民营养计划、追溯技术与应用等方面工作的最新研究成果和发展趋势等方面做了精彩的分享和诠释。

原国家卫生计生委副主任、中国卫生信息与健康医疗大数据学会会长金小桃，济南市委常委、副市长、食品评估中心主任、食品安全与卫生营养专委会主任委员卢江和国家卫生健康委食品司副司长张志强出席论坛并致辞。

金小桃充分肯定了食品安全与卫生营养专业委员会的工作，并指出，要充分调动专委会委员和科研院所、高等院校专家资源，做好食品安全与营养健康的技术创新。要以人民健康为中心，进一步完善食品安全标准和营养健康标准，实现营养健康科学化、标准化，为促进国民实现营养健康的科学管理，最终上升到国民营养健康智慧化、个性化、自主化，使每一个人都能享有健康长寿，作出应有贡献。

卢江对与会嘉宾表示热烈欢迎和诚挚问候。她从宏观上分析了当前我国食品安全与营养健康工作面临的机遇和挑战，以及如何借助信息化与大数据技术推动食品安全与营养健康工作发展。她希望，通过举办本次食品安全与营养健康论坛，为大家提供共同探讨食品安全国家标准、国民营养、信息化技术最新成果和发展趋势的平台。

张志强言简意赅地介绍了我国在食品风险监测、评估和标准领域取得的主要成就及下一步工作方向，并希望大家能够在此次大会中碰撞出智慧的火花，为食品安全与营养健康发展建言献策。

论坛上，六位专家先后分享了第50届国际食品添加剂法典委员会大会成果，介绍了我国食品污染物、食品添加剂、食品营养强化剂等通用标准的修订进展，解读了国民营养计划，交流了食品安全追溯方法与应用。三名企业代表从实践应用的角度分享了各自对食品安全与营养健康工作的感悟和经验。

本次论坛有200余名来自全国各地的从事食品安全、营养健康、健康医疗大数据与信息化的领导、专家和行业代表出席，搭建起了政府、行业、社会三位一体的食品安全信息交流平台，其内容丰富，信息量大，实践性强，得到与会人员的一致好评。

召开"大学习、大调研、大落实"工作动员部署会

2018年6月1日上午，食品评估中心召开"大学习、大调研、大落实"工作动员部署会，领导班子办公会成员和中层干部50余人参加了会议。

主任、党委书记卢江指出，干部职工要自觉把思想和行动统一到国家卫生健康委的决策部署上来，认真落实国家卫生健康关于开展"大学习、大调研、大落实"工作部署和马晓伟主任在党组理论学习中心组2018年第一次集体学习活动上的讲话要求，进一步加强理论学习，深入调查研究，狠抓落实改进，并要以此为契机进一步学懂、弄通、作实十九大精神，提升政治站位，提高工作能力，改进工作作风，更好地履行食品安全技术支撑职责，推动食品评估中心工作再创新局面。

卢江要求，通过开展"大学习，大调研，大落实"，广大干部职工切实作到旗帜鲜明讲政治，聚精会神抓党建，一心一意谋发展，廉洁自律作表率。她希望，通过大家的共同努力，真正使思想来一次大洗礼、观念来一次大更新、活力来一次大进发、能力来一次大提升，为谋划好我国食品安全技术支撑发展之路，为加快推进健康中国建设、实施食品安全战略作出应有贡献。

食品评估中心分中心（技术合作中心）营养与食品安全相关工作交流会在北京召开

为促进食品评估中心与分中心、技术合作中心在相关领域的工作衔接和技术交流，加强信息共享和务实合作，2018年6月22日，食品评估中心分中心（技术合作中心）营养与食品安全相关工作交流会在北京召开。来自分中心军科院军事医学研究院的微生物流行病研究所、毒物药物研究所、环境医学与作业医学研究所、生物医学分析中心，分中心中科院上海生科院，海洋食品技术合作中心成员单位中国海洋大学、中国水产科学院黄海水产研究所、青岛市疾控中心，应用技术合作中心清华长三角研究院，风险监测合作实验室盘锦检验检测中心等 19 家单位的专家、代表，以及食品评估中心应用营养等 7 个相关业务部门负责人、专业技术骨干，共 47 人参加了交流活动。食品评估中心副主任李宁出席会议。

食品评估中心应用营养室、理化试验室为与会代表重点解读了食品评估中心技术牵头的《国民营养计划（2017—2030 年）》编制和实施工作，介绍了我国营养相关标准体系建设和总膳食研究情况，我国现行营养相关标准、营养素及相关物质评估的基本情况与主要问题，以及下一步工作方向。来自浙江清华长三角研究院、中国海洋大学、军事医学研究院环境所分别就《营养素检测技术进展》《海洋食品危害因子评估技术研究进展》《食品和饮水安全快速检测评估和控制技术研究》进行报告，中科院营养代谢与食品安全重点实验室、盘锦检验检测中心介绍各自机构整合优势、工作进展和下一步计划。参会代表就报告内容积极提问，交换工作和科研心得，发表了建设性建议。

会议围绕国家战略需求和国内外营养与健康和食品安全前沿开展工作和合作进行了讨论。会议一致认为，食品评估中心和各合作单位在食品安全与营养健康结合方面具有基础和优势，在未来健康中国建设和《国民营养计划（2017—2030 年）》实施中，可以联合优势发挥更大的作用。

李宁副主任代表食品评估中心发言。她指出食品评估中心工作网络设立以来在委托任务、合作科研、人才互培、资源共享等方面取得了积极成效，希望大家不忘合作初心，共建平台、互补短板、应用和基础研究有机结合形成创新合力，在为国家食品安全提供技术支撑的共同目标上携手共进。

会议通过交流促进了彼此业务沟通和技术衔接，引导分中心建设更好地服务于国家战略和重点任务。

"食品污染物暴露组解析和总膳食研究"等三项《食品安全关键技术研发》重点专项项目启动暨实施方案论证会在北京召开

2018年7月4日，食品评估中心在北京召开了"十三五"国家重点研发计划《食品安全关键技术研发》重点专项项目启动暨课题实施方案论证会。中国生物技术发展中心工业处副处长黄英明、国家卫生健康委食品司副巡视员李泰然、国家卫生健康委科教司副处长李晔、食品评估中心副主任李宁等出席会议并讲话。吴清平院士、郑明辉研究员等项目咨询专家以及项目主要研究人员近100人参加了会议。会议由食品评估中心技术总师吴永宁研究员主持。

李宁对有关领导和专家的莅临表示热烈欢迎，对项目参加单位的通力配合和全力支持表示衷心感谢，并表示食品评估中心将严格按照国家重点研发计划管理办法，有效组织项目的实施，高质量完成研究任务。黄英明副处长介绍了重点专项的立项情况和总体要求，强调承担单位应按照相关管理规定和考核指标要求，保质保量完成任务，在科技创新、人才培养、成果共享等方面强化产出，以支撑国家食品安全的科学监管。

在本次启动会上，食品评估中心聘请吴清平院士、庞国芳院士、张志强、郑明辉、高志贤、吴永宁、邵兵、苏晓鸥、张峰、杨瑞馥、刘秀梅、曾光、曾明、李志明等专家担任三个项目的咨询专家，并颁发了聘书。专家将实时跟踪项目研究进展，指导项目研究工作，监督项目研究质量，以提高项目的研究水平。为提高项目资金的管理和使用，会议特邀科技日报社财务总监李志明高级会计师介绍了国家重点研发计划资金管理要求及正确使用项目经费的规定。

在吴清平院士主持下，"食品污染物暴露组解析和总膳食研究（2017YFC1600500）""食品中化学污染物监测检测及风险评估数据一致性评价的参考物质共性技术研究（2017YFC1601300）"和"食源性疾病监测、溯源与预警技术研究

（2017YFC1601500）"三个项目的负责人分别对项目实施方案、预期成果及研究亮点等进行了汇报，咨询专家提出了建设性的建议和意见。

为有效组织项目的实施，三个项目还分别进行了课题实施方案汇报和论证研讨。咨询专家针对各课题研究内容、技术路线、技术方法提出了具体建议、意见和要求，对课题实施具有重要的启示和指导意义。各课题在认真梳理专家建议的基础上，进一步细化和完善实施方案。

本次会议对三个项目的实施方案进行了充分论证和研讨，明确了研究工作要求，强化了项目经费使用规定，对推进项目研究具有重要意义，为项目和课题的有效实施奠定了良好基础。

食品评估中心顺利获得检验检测机构资质认定证书

根据《食品安全法》《检验检测机构资质认定管理办法》《检验检测机构资质认定评审准则》《食品检验机构资质认定管理办法》和《食品检验机构资质认定条件》的要求，食品评估中心领导精心组织，各部门精诚合作，每位员工认真参与，经过复评审申请、现场评审、证书审批等工作流程，于2018年8月20日获得国家认监委颁发的检验检测机构资质认定证书。

2018年7月23~24日，国家认监委卫生行业评审组组织专家对食品评估中心进行现场评审，对食品评估中心的实验室管理和技术能力给予高度评价。评审组认为食品评估中心组织结构健全，各级岗位职责明确，专业技术人员队伍能力和素质高，技术力量配备、场所和设备配置合理，技术活动过程控制措施有效，能保证独立、公正、科学、依法合规、诚信开展检验检测措施，满足食品检验机构资质认定要求。获证是行政准入要求，但获证绝不是目的，更不是终点。食品评估中心质管办将在食品评估中心领导的支持帮助下，以此为新的起点，不断加强质量管理工作，持续改进质量管理体系，不断提高质量管理水平，为食品评估中心更好地服务于政府监管、服务于行业引领、服务于社会科普持续提供质量保证。

亚洲食品法典战略研讨会在京召开

2018年11月1～2日，由食品评估中心主办的国际食品法典战略亚洲研讨会在北京召开。会议由联合国粮农组织/世界卫生组织国际食品法典委员会秘书处发起，由中国与国际食品法典亚洲区域协调员印度共同举办。会议邀请来自亚洲的14个国家40余名代表参会。国际食品法典委员会秘书长Tom Heilandt先生、来自印度尼西亚的国际食品法典委员会副主席Purwiyatno Hariyadi先生、国际食品法典亚洲协调员Sunil Bakshi先生、联合国粮农组织亚太区域办公室Masami Takeuchi女士分别致辞。食品评估中心王竹天研究员欢迎各位代表参会，希望通过本次会议加强亚洲区域各国在食品安全领域的交流合作，进一步推动亚洲区域积极参与国际食品法典各项活动。

国际食品法典委员会负责制定国际食品标准，以保护消费者健康并确保食品贸易的公平运作，还致力于促进国际组织和非政府组织所开展的所有食品标准工作的协调统一。国际食品法典委员会以协作、包容、共识、透明为工作宗旨，努力确保保护消费者健康与食品贸易公平的理念始终贯穿于食典标准制定的过程。国际食品法典委员会通过制定战略规划确定5年的工作目标和工作内容，制定国际食品标准解决当前和新出现的食品问题。

研讨会用集体讨论和分组讨论结合的方式，让各位参会代表有机会用批判性思维审议战略规划草案文件的结构、用词，以及组织愿景、项目活动和考察指标的设置。FAO亚洲办公室在会议中介绍了正在亚洲区域部分国家开展的食品安全指标能力建设活动的情况，敦促各国参与这项工作，科学地评估本国食品安全状况，了解亟待解决的问题。

中国积极参与国际食品法典委员会的各项活动。食品评估中心协助国家卫生健康委承担中国食品法典委员会秘书处工作，组织国内相关部门参与国际标准制定。

食品安全国家标准标准审评委员会第十四次主任会议在北京召开

2018 年 11 月 29 日，第一届食品安全国家标准审评委员会（下简称委员会）第十四次主任会议在北京召开。委员会副主任委员、副秘书长、各专业分委员会主任委员、副主任委员出席会议。国家卫生健康委、农业农村部、工业和信息化部、市场监管总局、海关总署、国家粮食和物资储备局等部门代表应邀参会。会议由委员会副主任委员、技术总师陈君石院士主持。

委员会自第十三次主任会议以来共召开了 9 次分委员会。污染物、食品产品、食品添加剂、营养与特殊膳食食品、生产经营规范、检验方法与规程、农药残留分委员会的主任委员、副主任委员或其委托的代表分别进行了汇报。

会议审议通过了 23 项食品安全国家标准（含修改单），包括《辣条》等 1 项食品产品标准；《食品添加剂食用单宁》等 2 项食品添加剂标准；《即食鲜切蔬果生产卫生规范》等 3 项生产经营规范标准；《食品理化检验方法总则》等 2 项检验方法标准；《食品中农药残留最大限量》及 2 项农药残留限量检验方法标准；《动物性食品中兽药最大残留限量》及 9 项兽药残留限量检验方法标准；《食品中污染物限量》（GB 2762—2017）第 1 号修改单、《运动营养食品通则》（GB 24154—2015）第 1 号修改单。

委员会副主任委员、国家卫生健康委食品司刘金峰司长在讲话中要求委员会切实落实"最严谨的标准"要求，深刻理解其内涵并落实到标准审评工作中；希望进一步加强农药残留、兽药残留等各类食品安全国家标准之间的沟通协调；请委员会秘书处开展营养与食品安全指标在食品安全国家标准中协调关系的研究；要主动做好标准跟踪评价工作。刘金峰司长对各位委员的辛勤工作表示感谢。第二届委员会的换届筹备工作正在进行，秘书处应做好换届过程的各项沟通协调工作，确保换届平稳有序开展。

农业农村部农产品质量安全监管局董洪岩处长代表农业农村部通报了兽

药残留标准工作开展情况。我国首次以标准形式制定和发布食品中兽药残留限量，并即将发布一批相配套的检验方法标准，改变了我国食品安全国家标准体系中缺乏兽药残留限量标准的现状。

陈君石技术总师做了会议总结，并对如何处理标准中食品安全指标与营养要求之间的关系、如何把握检验方法标准的定位、如何加强标准跟踪评价工作提出了建议。

国家卫生健康委李斌副主任一行调研食品评估中心工作

2018年12月28日，国家卫生健康委党组成员、副主任李斌一行来到食品评估中心调研工作。

李斌参观了食品评估中心实验室、陈列室、职工之家，并与一线职工亲切交流，随后与食品评估中心领导班子和各部门负责人进行了座谈。李斌对食品评估中心近年来取得的成绩给予了充分肯定，并提出了工作要求。他强调，食品评估中心要结合工作实际，认真学习贯彻落实习近平总书记新时代中国特色社会主义思想和十九大精神，进一步提高政治站位，树立风险意识和底线思维，以目标和问题为导向，对标习近平总书记对食品安全工作"四个最严"的要求，切实抓好食品安全标准、监测、评估、营养等"四大核心"业务。要拓宽思路，以改革创新精神，研究破解影响食品评估中心发展的难题和瓶颈，持续做好"三大支撑"和"四大保障"工作。要按照全国卫生健康大会精神和"一纲两规"要求，研究部署食品评估中心中长期发展规划，不断推动事业发展，为助力健康中国建设，实施食品安全战略贡献力量。最后，李斌副主任向食品评估中心转达了国家卫生健康的节日问候。国家卫生健康委食品司负责同志参加了调研。

技术支撑

2017 年国家食品污染物及有害因素监测网上报菌株复核及微生物质量控制考核结果研讨会在北京召开

为更好总结完善国家食品安全风险监测任务，提高微生物检验能力，食品评估中心于 2018 年 1 月 29 日在北京召开国家食品污染物及有害因素监测网上报菌株复核及微生物质量控制考核结果研讨会。食品评估中心、31 个省（自治区、直辖市）及新疆生产建设兵团疾控中心微生物检测相关技术骨干共 50 余人参加了本次会议。

本次研讨会对各省上报菌株复核准确率和微生物质量控制考核两个方面做了报告和研讨。针对 2017 年度监测网各省市自治区和兵团上报的近 6000 株不同种类的食源性致病菌进行了菌株复核情况的汇报，参会人员对复核过程中发现和存在的问题进行了讨论，并提出了技术培训需求。食品评估中心微生物室和质量控制办公室联合组织实施的 2017 年度国家食品安全风险监测质量控制考核暨 2017 年国家认监委能力验证 C 类项目的考核结果表明，总计 431 件单位参加，其中包括 32 个省级单位，334 家地市级，65 家县级，根据考核标准，所有参与单位均成功通过本次考核。此次考核较为全面地评估了国家食品污染物及有害因素监测网微生物的检验技术能力，有利于各省级疾控中心针对本省内食品微生物检测过程中存在的问题进行了解和掌握，为更有效地全面落实国家食品安全风险监测计划和任务夯实了技术基础。

婴幼儿辅助食品系列标准修订启动会在广州召开

根据国家卫生健康委办公厅《关于印发 2017 年度食品安全国家标准立

项计划的通知》（国卫办食品函〔2017〕1096号），按照工作计划安排，食品评估中心于2018年3月27～28日在广州召开婴幼儿辅助食品标准（GB 10769《食品安全国家标准　婴幼儿谷类辅助食品》和GB 10770《食品安全国家标准　婴幼儿罐装辅助食品》）修订启动会。会议由食品评估中心韩军花研究员主持，食品评估中心李宁副主任、中国疾控中心营养与健康所丁钢强所长、国家加工食品质量检验中心（广东）党华主任、蔡玮红副主任、国家卫生健康委食品司、部分省食品药品监管部门、相关专家、行业协会、企业代表等50余人参加了本次会议。

会上，李宁副主任指出，婴幼儿辅助食品标准是婴幼儿食品标准的重要组成部分，及时修订该标准有利于促进企业自律，规范行业发展，也是落实《国民营养计划（2017—2030年）》的具体举措。李宁副主任强调，标准的修订要广泛收集监管部门、行业和企业的意见，在充分调研基础上，以科学为依据，认真研究，结合实际，使标准更加严谨、科学、适用。

在前期大量研究的基础上，食品评估中心邓陶陶同志首先介绍了婴幼儿辅助食品国际及其他国家相关法规的最新进展，包括国际食品法典委员会、欧盟、美国、澳新等，随后来自江西、上海和广东省食品药品监管部门的代表介绍了婴幼儿辅助食品在监管中发现的主要问题及对标准修订的希望，来自行业协会及企业的代表对婴幼儿辅助食品标准修订也充分发表了意见和建议。与会专家就婴幼儿辅助食品国际相关法规、监管部门及行业企业反映的问题进行了深入讨论，并就部分问题初步达成共识。

根据标准修订工作需要，会议决定成立不同的工作小组，分组开展工作，并明确了各小组具体工作方式和内容，以及时间要求。最后，韩军花研究员感谢大家对婴幼儿辅助食品标准修订工作的支持，并表示将借此次标准修订机会，融入营养学最新研究成果，解决现存的主要问题，保质保量完成标准修订工作。

启动中国居民市售加工食品中糖摄入风险评估工作

为推动《国民营养计划（2017—2030 年）》贯彻实施、进一步落实《食品安全标准与监测评估"十三五"规划（2016—2020）》要求，食品评估中心正式启动我国居民市售加工食品中糖摄入风险评估项目，并于 2018 年 4 月 24 日在北京召开工作方案研讨会。食品评估中心副主任李宁出席会议并讲话，中国疾控中心营养与健康所所长丁钢强、中国营养学会理事长杨月欣，以及来自营养与健康所、四川大学、北京大学、首都医科大学、河南省疾控中心、中国食品发酵工业研究院、北京市营养源研究所、中国食品科学技术协会、中国焙烤食品糖制品工业协会、中国乳制品工业协会和食品评估中心等单位的 25 名专家和技术人员参加了此次会议。会议由食品评估中心营养三室主任刘爱东主持。

李宁副主任指出，开展我国人群加工食品中糖摄入的风险评估是贯彻落实国民营养计划、加强营养素风险评估工作的重要内容，也是响应 WHO 提出的减少糖摄入建议，掌握我国人群加工食品中糖摄入现状及其健康风险的重要举措，风险评估结果将为风险管理部门制定政策标准、指导食品行业向营养健康转型发展，科学解答公众关注提供重要的科学依据。

与会专家就项目工作目标、重要概念界定、评估数据来源和质量、糖含量检测方法、预期结果产出、任务分工等内容进行了深入讨论，并明确了下一步工作重点，包括加强与营养健康所、相关科研单位、行业协会在食物消费量数据和加工食品中糖含量数据的共享利用，研究不同地域饮食习惯和不同重点人群糖摄入量的差异，加强对不同糖含量检测方法对比验证和检测数据审核利用，进一步开展糖摄入与健康之间关联分析等。本次会议为中国居民市售加工食品中糖摄入风险评估的顺利开展奠定了基础。

2018 年食品安全风险监测参比实验室工作研讨会在武汉市召开

为更好地统一参比实验室工作理念，进一步落实 2018 年国家食品安全风险监测质量控制工作，食品评估中心于 2018 年 4 月 25～26 日在武汉市召开了 2018 年国家食品安全风险监测参比实验室工作研讨会。

来自国家卫生健康委食品司风险监测处的张凤处长、湖北省卫生计生委食品安全处唐平副处长、湖北省疾控中心李阳副主任，以及来自食品评估中心和已经挂牌的第一批 8 个参比实验室的相关人员参加了会议，食品评估中心李宁副主任到会并讲话，会议由食品评估中心质管办李业鹏主任主持。东道主李阳副主任首先对与会代表表示了欢迎，并表示通过这些年分管二噁英参比实验室的工作，深深体会到了国家层面对风险监测能力建设和质量管理方面的重视和努力。

张凤处长指出风险监测是食品安全的基本工作，是评估和标准工作的基础，监测工作经过九年来的不懈努力，已经取得了很大的成效，基本做到了全覆盖，得到了相关领导的肯定。她肯定了参比实验室在监测工作中的重要作用，例如在宁夏牛奶等事件中，北京市疾控中心在及时有效发现隐患，确定危害因素方面，发挥了重要的作用，得到了当地政府的肯定；又如湖北省疾控中心在二噁英参比方面，承担了全国的样品检验、评估等多项工作，在人、财、物方面都作出了大量贡献。张凤处长代表食品司领导，着重表扬并感谢参比实验室在没有经费支持的情况下，自筹资金，发扬主观能动性，作出大量的贡献。同时她提出，2018 年是质控年，参比实验室作为司里的重点工作，要继续发扬主观能动性，加强监测的质量控制、质控考核、培训指导等工作，为监测数据提供有效性保证。

李宁副主任对参比实验室的工作成绩给予了勉励和表扬，对参比实验室自筹资金努力工作的精神表示了感动，也对委领导给予参比实验室的认可和肯定表示了感谢。她还指出质量管理工作就是要为监测工作保驾护航，提供"数据有效性"的证据。虽然目前监测质量一直在提高，但是处于从高速发展向高质量发展转向的阶段，还要坚持"质量永远在路上"，向高质量和精准度发展，参比实验室作为质量管理的重要组成部分，作为司里2018年度工作的重点和要点，要继续给予足够的重视，积极探索工作机制，通过本次研讨会，达成共识，拟定今年的工作计划，来进一步开展工作，促进监测工作的质量再上一个新的台阶。

会议安排了丰富的专题讲座，包括标准物质或质控品国际和国内标准现状、风险监测参比实验室2017年工作简介及2018年工作策划、监测工作对参比实验室的需求和工作要求、食品评估中心参加国际比对经验介绍、参比实验室也介绍了各自在2017年开展的各项参比工作。与会代表还就参比实验室工作方式进行了研讨，尤其是针对如何更好地开展2018年的监测质控工作，进行了广泛的讨论，提出了具体的操作方案。

会议还组织与会代表赴湖北省疾控中心二噁英参比实验室，现场参观二噁英采样及检测实验室，与工作人员进行现场交流，参观实验室设施设备，了解检验流程及质控措施和要求。

与会代表普遍认为，此次会议非常及时，针对性强，解决了工作困惑，兄弟单位的做法也很有借鉴意义，对相关人员统一认识，全面发挥参比实验室工作，提高监测质量管理水平，起到了积极的推动作用。

营养相关标准体系研讨会在北京召开

为落实《国民营养计划（2017—2030年）》（以下简称《计划》）要求，进一步加强营养相关标准体系建设，2018年5月9日，食品评估中心在北京组织召开了营养相关标准体系研讨会。食品评估中心严卫星副主任、国家卫生健康委食品司宫国强处长、中国疾控中心营养与健康所丁钢强所长、有关营养专家、部分地方卫生行政人员以及相关学会及行业代表共计30余人参加了会议。

会议由食品评估中心韩军花研究员主持。她介绍了我国现行营养相关标准基本情况与主要问题，提出了营养相关标准体系初步架构以及下一步工作建议。与会专家对于农业、体育等领域中涉及的营养相关标准进行了补充介绍，并且针对营养相关标准体系进行了深入细致的讨论，结合当前营养学科内容和《计划》部署的营养工作对其进行了完善补充。

老年食品通则国家标准协调会在北京召开

我国已步入人口老龄化社会，应对老年问题是当前与今后一段时期的一个重要社会工作。党和国家一直高度重视老龄工作，提出要"积极应对人口老龄化，加快建立社会养老服务体系和发展老年服务产业"。国务院办公厅印发了《国民营养计划（2017—2030年）》，要求开展老年人群营养改善行动。

为落实中共中央精神和《国民营养计划（2017—2030年）》要求，2016年原国家卫生计生委办公厅印发了《2016年度食品安全国家标准项目计划（第二批）的通知》（国卫办食品函〔2016〕1358号），开始制定老年食品标准。根据工作计划安排，食品评估中心于2018年5月10日在北京召开了《食品安全国家标准 老年食品通则》协调会，就老年食品国家标准内容、以及与其他标准和相关管理规定的关系进行了讨论。

会议由食品评估中心韩军花研究员主持，食品评估中心严卫星副主任、国家卫生健康委离退休局罗迈调研员、食品司逄炯倩主任科员、市场监管总局食监一司郭向丹处长、科标司李晓瑜处长，湖北省、黑龙江省、青海省卫生计生委食品相关部门负责人，中国营养学会杨月欣理事长，中国疾控中心营养与健康所杨晓光研究员、张坚研究员，以及国家卫生健康委科学技术研究所、北京市营养源研究所、浙江工商大学、北京工商大学、北京医院老年医学研究所、联合国儿童基金会、中国食品科学技术学会、中国乳制品工业协会、中国营养保健食品协会、中国欧盟商会的专家以及相关行业代表等50余人参加了本次会议。

会上，韩军花研究员介绍了老年食品标准的立项依据和起草背景，标准起草负责人马爱国教授详细汇报了老年人群存在的营养问题、老年食品现状、主要发达国家老年食品法规概况、标准制定过程、基本情况、产品定义分类、各项指标设置情况等内容。与会专家、行业代表就产品分类、营养成分、污染物、真菌毒素和微生物指标、标签标识等内容进行了深入讨论，充分发表了意见建议，并对部分意见达成共识。

与会人员一致认为，老年食品国家标准技术指标多、制定难度大，标准起草组做了大量准备、调研工作，标准文本思路清晰，指标设置科学合理。制定老年食品国家标准适时、适宜，有利于保障老年人群营养与健康，是落实《国民营养计划（2017—2030年）》的具体举措，同时有利于规范行业产业发展。最后，韩军花研究员感谢大家对老年食品标准制定工作的支持，标准起草组将认真梳理、研究与会专家的意见建议，尽快对标准相关内容进行修改并按程序报送。

2019 年微生物监测计划讨论会在北京召开

依照国家食品安全风险监测工作的需要，食品评估中心于2018年6月6～7日在北京召开了2019年微生物监测计划讨论会。来自北京、天津、山西等20个省（自治区、直辖市）疾控中心的专家以及食品评估中心工作人员共30余人参加了会议。

监测一室杨大进研究员主持会议并发言，他强调风险监测应找准关键点，针对特殊人群、加强未关注隐患的监测，同时，通过过程监测确定关键风险点。主要起草人李莹介绍了2019年微生物食品安全风险监测计划的设计思路。参会人员逐项对监测计划的项目进行了审定，并确定了最终计划。

本次会议内容充实，现场讨论积极，大家一致认为此次会议为确保2019年监测工作的顺利实施奠定了坚实基础，达到了预期目的。

国家重点研发课题"基于大数据的食品安全社会共治体系建构研究"专家研讨会在北京举办

为推进科技部重点研发项目的研究工作，食品评估中心于2018年6月14日在北京举办了"基于大数据的食品安全社会共治体系建构研究"课题专家研讨会。食品评估中心严卫星副主任、国家卫生健康委食品司徐娇处长、原国家食药总局信息中心陈锋副主任、贵州科学院谭红院长、食品评估中心技术总师吴永宁研究员等有关食品安全和信息化方面的专家共计30余人出席了会议。

会议介绍了现有食品安全信息化中存在的数据共享困难、编码不规范、数据关联性差等问题，针对现有的问题，提出了基于食品安全大数据的智能编码系统架构，重点结合食品评估中心的工作职能，深入探讨了柔性的、可兼容的、可进化的智能编码系统的需求和解决方案。与会专家对于编码的相关概念以及国内外食品编码的进展进行了补充介绍，并且针对智能编码的层级、食品的分类、编码位数等问题进行了深入细致的讨论。

参加国家卫生健康委"全国食品安全宣传周"主题日活动

2018年7月25日，国家卫生健康委"2018年全国食品安全宣传周"主题日活动在山西省大宁县举办。国家卫生健康委食品司和宣传司、食品评估中心、中国疾控中心营养所相关同志参加。活动结合健康扶贫工作，主要围绕食品安全与营养健康标准、实施《国民营养计划》有关工作，以及食源性疾病预防科普宣传，与媒体和社会公众开展交流。

食品评估中心由李宁副主任带队，郭云昌、王君、刘爱东和郭丽霞参加了活动。郭云昌研究员在活动中做了主题发言，介绍了我国近年来食源性疾病的监测报告情况以及如何预防食源性疾病的科普知识。在互动环节，李宁副主任就媒体记者关心的问题进行了详细的解答。活动现场，食品评估中心还进行了食品安全和营养的科普宣传咨询，解答了公众关注的相关问题。

赴山西省、陕西省开展贫困地区营养与食品安全科普活动

为深入贯彻习近平扶贫思想，按照中央脱贫决策部署和国家卫生健康委定点精准扶贫工作部署，食品评估中心分别于2018年10月22～23日在山西省大宁县和永和县、10月29～30日在陕西省清涧县和子洲县开展营养与食品安全科普扶贫工作，充分发挥了食品评估中心食品安全科普优势，助力精准扶贫。

食品评估中心相关专家联合4个县的疾控中心工作人员走进当地中学，举办了食品安全进校园活动。风险交流部韩宏伟主任结合贫困地区突出的食品安全问题，为现场学生和教职工做了"预防食源性疾病"为主题的专题讲座，针对师生日常生活中可能遇到的食品安全误区答疑解惑。

活动现场发放了预防食源性疾病科普宣传折页并播放相关科普动漫视频，同时进行互动答题与现场咨询，师生参与度高，现场气氛热烈，科普宣教效果良好。

此次活动针对重点人群向贫困地区中学生普及了预防食源性疾病的基本知识，希望以此带动家庭对食品安全的重视，提升贫困地区群众健康素养，有利于减少"因病致贫""因病返贫"，为打好脱贫攻坚战作出应有的贡献。

检验方法类食品安全国家标准协作组工作启动会暨培训会议在北京举办

为贯彻落实建立"最严谨的标准"要求，有效调动各方参与食品安全国家标准工作的积极性，不断提升食品安全国家标准研制的科学性、实用性和严谨性，食品安全国家标准审评委员会秘书处受国家卫生健康委的委托，组建检验方法类食品安全国家标准协作组（以下简称"协作组"，不含农药、

兽药残留检测方法），于2018年11月20日在北京举办了检验方法类食品安全国家标准协作组工作启动会暨培训会议。

国家卫生健康委食品司标准处处长齐小宁出席了会议，对协作组的总体工作部署和实施提出要求，强调秘书处应作好协作组工作总体规划、规范指导和日常管理，各协作组参与单位应加强与标准制定修订牵头单位的合作、充分发挥各检测机构的技术优势，通过协作组的工作，进一步夯实标准研制的科学基础，更广泛听取各方意见，更加有效提升食品安全国家标准制定的科学性、实用性和严谨性。

食品评估中心标准四室主任肖晶介绍了检验方法类食品安全国家标准的现状和发展趋势，对协作组工作进展作了详细说明，并提出了协作组的工作方案。来自北京、浙江、福建、宁夏等27省（自治区、直辖市）的相关部门、研究机构、教育机构、学术团体、行业组织、检测机构等标准使用方，以及各部门推荐的技术机构的负责人和技术骨干等110余人参加了会议。会上各参会代表针对协作组的工作机制、在标准使用过程中遇到的问题进行了充分交流和讨论。

通过本次会议，搭建了全国检验方法类食品安全标准协作平台，为加强食品安全标准的交流与合作、更好地完成食品安全标准的制定、修订任务提供了技术保证，达到了会议预期目标。

能力建设

召开 2017 年度领导班子述职暨"一报告两评议"考核测评会

按照原国家卫生计生委人事司《关于开展 2017 年度直属联系单位领导班子和委管干部考核工作的通知》及《关于 2017 年度委直属和联系单位选人用人"一报告两评议"工作有关事项的通知》要求，2018 年 1 月 12 日上午，食品评估中心在双井办公区召开了 2017 年度食品评估中心领导班子述职暨"一报告两评议"考核测评会。会议由食品评估中心副主任、党委副书记严卫星同志主持。国家卫生计生委人事司李波处长参加了会议。

严卫星同志对食品评估中心年度工作进行了总结及个人述职，并对食品评估中心 2017 年度选人用人"一报告两评议"工作进行了专题报告。他指出，2017 年，在国家卫生健康委的正确领导下，在人事司等相关司局的指导和帮助下，深入学习宣传"十九大"精神，领导班子认真履职，严格贯彻落实党中央和国家卫生健康委的决策部署，圆满完成各项工作任务，取得了较好地成绩。食品评估中心纪委书记王竹天、副主任李宁、四级职员刘萍结合各自分管工作进行了述职。委人事司李波处长对领导班子述职考核和选人用人"一报告两评议"提出了具体要求。

全体中层以上干部对食品评估中心领导班子进行了民主评议，对选人用人工作和新提拔干部进行了民主测评。食品评估中心领导班子成员、中层干部共 50 余人参加了会议。

2018 年国家食品安全风险监测工作培训班在杭州举办

2018 年 1 月 23～24 日，2018 年国家食品安全风险监测工作培训班在杭州举办，本次培训是实施 2018 年国家食品安全风险监测工作的重要技术保证。国家卫生健康委食品司监测处处长徐娇，浙江省卫生健康委副主任姜建鸿以及食品评估中心领导王竹天出席会议并讲话。各省（自治区、直辖市）及新疆生产建设兵团卫生健康委食品处领导、疾控中心主管领导和技术负责人约 230 余人参加了培训。

本次培训班对 2017 年食品污染物和有害因素监测、食源性疾病监测以及质量控制工作进行了全面分析和总结，并对 2018 年风险监测计划实施技术要点及质量管理工作要求进行了详细解读。培训班还安排上海、辽宁、山东、云南、山西、福建和浙江 7 省市对风险监测组织管理、监测数据利用、风险隐患探索研究、突发事件处置和质量控制等方面进行经验交流。培训还针对风险监测行政管理，食品污染物和有害因素监测、食源性疾病监测以及质量管理四方面技术工作进行了分组专题讨论，广泛听取各省对风险监测相关工作的意见和建议。

学员普遍反映本次培训指导性强，主题报告内容丰富、讲解透彻，经验交流取长补短，提供了集思广益的专题讨论平台，为进一步理清思路、落实好 2018 年风险监测工作任务打下了坚实基础。

召开 2017 年度学术报告会

2018 年 1 月 26 日上午，食品评估中心召开了 2017 年度学术报告会。报告会由王永挺主任助理主持，李宁副主任、吴永宁技术总师和中心职工及学生参加了会议。

会上，吴永宁技术总师就"十三五"期间国家重点研发计划中食品科技总体部署进行了解读，详细介绍了加强食品安全技术支撑及食品安全检测技术相关的战略，展望了未来几年科研重点，此外，还针对科研课题标书写作进行了专题辅导。于洲研究员、王伟助理研究员对承担的国家重点研发专项作了中期汇报，宋雁研究员、白莉研究员、杨辉副研究员、彭子欣副研究员、张磊副研究员分别就其承担的国家自然科学基金项目进行了结题汇报。会议内容丰富，立足前沿，针对性和实用型强，促进了科研团队、科研人员之间的交流。

王永挺主任助理在会议总结中指出，科研是食品评估中心的立身之本，应高度重视提升科研能力；2018年是全面贯彻中共十九大精神的开局之年，食品评估中心的科研工作者要用党的十九大精神武装头脑，把智慧和力量凝聚到落实党的十九大各项重大战略部署上来，奋力推进实施创新驱动发展战略、加快建成创新型国家和建设世界科技强国等各项重大工作，用实际行动助力健康中国建设。

微生物风险监测数据信息上报培训班在哈尔滨举办

2018年食品微生物风险监测数据信息上报培训班于2018年2月1日～2日在哈尔滨举行。来自31个省（直辖市、自治区）、新疆生产建设兵团和食品评估中心的相关人员共计60余人参加了培训。黑龙江省疾控中心张剑峰副主任、传染病预防控制所遇晓杰所长出席会议并讲话。

食品评估中心监测一室裴晓燕副主任介绍了近几年微生物风险监测数据信息系统的发展与技术提升，在总结2017年微生物监测工作的基础上对2018年的工作进行了布置。监测一室负责微生物监测的2位同志分别介绍了在2017年监测工作中发现的问题，并对2018年微生物监测计划进行了解释和说明。另外，针对微生物网报系统平台集中安排了操作练习，并在现场答疑演示。黑龙江、广东、湖北和福建省疾控中心的相关人员分别就风险监测样品的采集、检验、数据分析的工作经验进行了介绍。在培训期间，培训人员与学员进行了充分的沟通和交流，一方面回答大家在工作中遇到的技术问题，另一方面也对存在的一些需要解决的问题提出了完成时间，以确保监测数据的及时上报。

2018年化学污染物及有害因素数据上报系统培训班在呼和浩特举办

2018年3月5～7日，2018年化学污染物及有害因素数据上报系统培训班在内蒙古自治区呼和浩特市举行。来自31个省（直辖市、自治区）和新疆生产建设兵团及食品评估中心的相关人员共计70余人参加了培训。内蒙古自治区综合疾控中心王文瑞主任到场并致辞。

按照培训计划，监测一室杨大进研究员介绍了2017年化学污染物及有害因素监测结果分析、监测工作存在的问题，并对2018年的监测工作提出了要求；蒋定国研究员对2018年食品化学污染物及有害因素监测计划进行了解读，并强调了实施注意事项；杨欣、贺巍巍和荫硕焱分别对2017年监测数据上报审核中存在的问题、2018年监测系统上报审核要求及注意事项、2018年数据字典（食品、污染物、检测方法、检出限、检测值）更新情况及注意事项进行了讲解。本次培训还邀请内蒙古、江西、福建、天津、陕西和广东疾控中心的相关人员介绍了风险监测数据信息上报中的工作经验。数据系统工程师对2018年系统上报的软件操作内容进行了介绍。此外，在专门安排的讨论中，学员们也针对在实际上报工作中遇到的问题与食品评估中心对应人员进行了充分交流和沟通，提出了不少切实可行的意见和建议。

本次培训对于提升数据上报人员的业务水平，规范操作起到了重要的技术指导作用，为更好地完成2018年化学污染物及有害因素数据上报奠定了基础，达到了预期目标。

"食品毒理学计划"培训会在北京召开

2018年4月18～19日，"食品毒理学计划"培训会在北京召开。国家卫生健康委食品司齐小宁处长、食品评估中心严卫星副主任和李宁副主任、以及来自北京、江苏、云南等30个省（市）疾控中心及相关科研院所从事食品毒理工作的负责人和业务骨干等共120余人参会。会议由毒理实验室主任贾旭东研究员主持。

齐小宁处长充分肯定"食品毒理学计划"对食品安全风险评估工作的意义，进一步强调了食品毒理学工作发挥"基础的基础"的作用和定位，并对食品毒理工作提出了进一步的要求。严卫星副主任指出，食品毒理工作者要抓住政府机构改革和职能调整的契机，在加强自身建设、提高学科实力的基础上，充分开展包括地方特色食品标准研究在内的技术支撑工作，在公众健康保障领域履职尽职，同时也为健康经济产业发展方面作出应有的贡献。李宁副主任强调，在目前新的食品安全形势下，全国的食品毒理工作应继续与食品安全重点工作紧密结合，按照"食品毒理学计划"所规划内容有序展开，同时各地要不等不靠、拓宽思路、发挥特长、狠抓落实，紧跟学科发展、提高技术水平，更好地服务于卫生健康的整体工作。

贾旭东主任首先总结了"食品毒理学计划"一年来的实施情况，随后会议围绕"食品毒理学计划"的主要内容，分别从纳米材料安全性评价、体外替代试验、模式生物模型在食品毒理学研究中的应用、毒理学数据可靠性评价、不良结局路径（AOP）、交叉参照（read－across）在安全性评价中的应用等方面进行了专题培训。会议还邀请天津疾控毒理所负责人结合自身实际落实食品毒理学计划的情况以及所取得成绩作了专题发言，为其他省份工作的开展提供了有益的借鉴。

通过此次培训，大家进一步拓展了工作思路、加强了业务交流，更好的推动了"食品毒理学计划"的发展。

2018 年国家食品安全风险监测农药残留、兽药残留检测技术培训班在武汉举办

2018 年 4 月 9～11 日，由食品评估中心主办、湖北省疾控中心/国家食品安全风险监测参比实验室（二噁英）协办的国家食品安全风险监测农药残留、兽药残留检测技术培训班在湖北省武汉市举行。湖北省卫生健康委食安

处王汉祥处长、唐平副处长出席了培训班开幕式。来自全国30个省（自治区、直辖市）以及部分地市级疾控中心的检验技术人员近80人参加了培训。

在本次培训班上，食品评估中心监测一室杨大进主任解析了2017年国家食品安全风险监测的农兽药残留监测结果，分析了残留监测工作存在的问题，解读了2018年风险监测中农兽药残留监测工作要求。上海市疾控中心化学品毒性检定所/国家食品安全风险监测参比实验室（农药残留）汪国权所长介绍了植物性食品中农药残留的测定及农药残留检测中食用菌样品的前处理方法；湖北省疾控中心卫生检验检测研究所/二噁英参比实验室闻胜副所长介绍动物性食品中林可霉素类抗生素的测定；北京市疾控中心实验室/兽药残留参比实验室张晶副主任和赵珊主任技师分别介绍食品中氟苯尼考和氟苯尼考胺的测定、动物性食品中喹乙醇代谢物3－甲基喹噁啉－2－羧酸、卡巴氧及其代谢物喹噁啉－2－羧酸的测定；食品评估中心陈达炜副研究员介绍动物性食品中鸡蛋中氟虫腈及其代谢物的测定和动物性食品中农兽药多组分筛查技术等。培训专家详细介绍了相关方法要求、检测的关键要点、质量控制和注意事项。本次培训班还邀请了北京市疾控中心实验室邵兵主任介绍国内外食品安全战略和热点，食品评估中心李敬光研究员介绍食品安全检测的准确性评价。培训学员与培训专家展开了热烈的讨论，并就实验操作中的一些关键环节进行咨询和解答，取得了较好的效果。

为进一步评价有关方法的可操作性，本次培训班在湖北省疾控中心卫生检验检测研究所安排了动物性食品、鸡蛋中氟虫腈及其代谢物测定的现场试验。学员按各省份分组操作，分别进行工作手册中SOP方法的测定，同时也给各学员分发阳性样品，以此验证比较了各组的测定结果。通过对各组测定结果的分析可见，工作手册中采用的方法技术可行，操作可以实施，结果可靠可比，满足了2018年国家食品安全风险监测中鸡蛋中氟虫腈及其代谢物的测定需要。在现场试验结果反馈会上，各地学员普遍反映本次培训准备充分，安排合理，在技术培训的同时，开拓了工作思路，大家获益匪浅，培训效果显著。

2018 年国家食品安全风险监测污染物检测技术培训班在合肥举办

2018 年 4 月 23～25 日，由食品评估中心主办、安徽省疾控中心协办的国家食品安全风险监测污染物检测技术培训班在安徽省合肥市举行。安徽省疾控中心李卫东副主任出席了培训班开幕式。来自全国 30 个省（自治区、直辖市）以及部分地市级疾控中心的检验技术人员近 90 人参加了培训。

食品评估中心化学实验室主任赵云峰研究员主持本次培训会，食品评估中心监测一室杨欣研究员解析了 2017 年国家食品安全风险监测的污染物监测结果，分析了监测工作存在的问题，解读了 2018 年风险监测中污染物监测工作要求。浙江疾控中心理化与毒理检验所吴平谷副所长介绍了熏烤动物性食品中多环芳烃的测定和食用纸、竹木砧板筷子等中五氯酚的测定；北京疾控中心实验室邵兵主任介绍了食品中双酚 A 和双酚 S 的测定；吉林疾控中心理化检验所石矛副所长介绍了狗肉中琥珀酰胆碱的测定；浙江疾控中心理化与毒理检验所理化研究室黄百芬主任技师介绍了狗肉、杏仁及杏仁制品中氰化物的测定和茶叶中真菌毒素多组分的测定；安徽疾控中心理化室谢继安副主任介绍了植物性样品中二硫代氨基甲酸酯的测定。培训专家针对有关化合物检测的关键步骤、操作要点以及检测注意事项等进行详细讲解。在本次培训班上，食品评估中心张磊副研究员和邱楠楠副研究员分别介绍了食品基质的国际比对考核和标准物质的研制及食品基质真菌毒素检测的影响因素。培训学员与培训专家展开了热烈的讨论，并就实验操作中的一些关键环节进行咨询和解答，取得了较好的效果。

为保证下一步风险监测实验室测定工作的顺利开展，针对检测方法中难点进行了现场操作培训。本次培训班在安徽疾控中心安排了植物性样品中二硫代氨基甲酸酯测定的现场试验。学员分组按照工作手册中 SOP 方法操作，以实际测定结果进行方法的可行性和可靠性评价。通过对各组测定结果的分析可见，工作手册中采用的方法技术可行，操作可实施，结果可靠可比，满足了2018年国家食品安全风险监测中植物性样品中二硫代氨基甲酸酯的测定需要。在现场试验结果反馈会上，各地学员普遍反映本次培训准备充分，安排合理，在技术培训的同时，开拓了工作思路，大家获益匪浅，培训效果显著。

2018年国家食品安全风险监测食源性细菌和诺如病毒检测方法技术培训在北京举办

为保证国家食品安全风险监测任务微生物检验数据的可靠性，省级监测单位的技术人员及时掌握微生物相关检验方法国家标准技术理论和实验室操作，食品评估中心于2018年4月23～27日在北京举办了全国省级食源性细菌和诺如病毒检验方法技术培训班。食品评估中心、31个省（自治区、直辖市）、新疆生产建设兵团疾控中心技术骨干共70余人参加了培训。

培训包括理论讲解和实验室现场操作两个方面。对沙门氏菌等10种致病菌进行详细的理论讲解。针对2017年食品评估中心组织的微生物质控考核省级监测单位出现的问题，有针对性地对沙门氏菌的生化、血清、毒力基因进行了实验室操作培训。对食品中诺如病毒检测国家标准中的关键技术进行了解读，全基因组测序技术应用进行了简要概述，并针对水中诺如病毒的检测技术进行了讲解和实验室操作实践。学员一致认为，本次培训及时有效，为进一步提高技术队伍对监测工作的深入理解，保障监测任务的实施夯实了技术基础。

赴湖南省郴州资兴市虹鳟鱼养殖场调研

针对生食淡水"三文鱼"（虹鳟鱼）可能存在寄生虫的媒体报道，食品评估中心高度重视，一方面在相关内陆省份启动冷水养殖虹鳟鱼类中寄生虫应急监测；另一方面风险监测一室杨大进、杨舒然在湖南省、郴州市和资兴市疾控中心的大力支持和配合下，于 2018 年 6 月 22 日赴目前在国内养殖规模居前的湖南省郴州资兴市虹鳟鱼养殖基地开展实地调研。

为掌握寄生虫生长繁殖的可能性，调研中针对性地了解网箱养殖位置、水质和水温情况、特别是详细了解养殖场及周边居民厕所污水排放情况，实地察看了养殖网箱水体环境，饲料配方和投料、孵化、鱼病用药等，此外，还与养殖技术人员就可能与寄生虫生长有关的问题进行了沟通交流，同时采样带回湖南省疾控中心进行检验。在该养殖场的餐厅现场观看了生鱼片的加工方式。

通过本次调研，大家总体认为该虹鳟鱼养殖场的周边环境和水质条件较好，养殖过程规范，养殖条件总体不适宜寄生虫生长，但鱼体中是否存在寄生虫还需要进一步检验。通过观看生鱼片的加工，对餐厅提出作为直接食用的动物性食品无论卫生条件还是加工方式都应符合卫生要求，且需要加强控制，避免交叉污染。

2018 年中国居民食物消费量调查工作启动会暨培训班在北京举办

为推动《国民营养行动计划（2017—2030 年）》贯彻实施，进一步落实《2018 年中国居民食物消费量调查工作方案》要求，部署并做好年度食物消费量调查工作，2018 年 6 月 20～22 日，食品评估中心在北京举办了 2018 年中国居民食物消费量调查工作启动会暨国家级培训班。国家卫生健康委食品司副司长张磊时、食品评估中心副主任李宁出席开幕式，来自北京、河北、内蒙古、上海等 19 省（自治区、直辖市）卫生健康委食品相关处、省级疾控中心和参加调查的区级疾控中心的负责人和技术骨干人员 150 余人参加了会议。开幕式由国家卫生健康委食品司评估处齐小宁处长主持。

张磊时副司长充分肯定了食物消费量调查工作自 2013 年以来取得的成果，着重指出消费量数据是各级卫生健康委依法履职，研判食品安全风险的重要依据，进一步强调了该项工作对建立完善国家食物消费数据库和促进各级食品风险评估机构工作网络建设的重要性，同时要求各级卫生健康部门高度重视食物消费量调查工作，切实加强领导，落实各级责任，不断完善工作体系，提高工作能力，尽快建立本省食物消费量数据库。

李宁副主任对2018年总体调查工作部署和实施提出要求，强调食品评估中心要做好调查工作总体谋划和技术支撑，保障整体调查工作顺利开展，进一步加强与省级工作组的协作、充分发挥省级技术资源优势，促进各级工作网络建设，同时要强化调查工作质量控制和督导调研，加强调查方法、数据分析等方面的技术研究，在完成数据收集和数据库建设的基础上要积极实现数据共享、回馈社会。

本次培训班特别邀请了食品评估中心审计处李晓燕处长，对委托工作经费管理办法及注意事项作了重点解释说明，进一步规范各省消费量调查经费的使用。国家工作组对2017年调查工作作了全面总结并介绍了2018年调查工作方案，黑龙江、浙江、重庆、云南省就消费量调查工作组织保障、宣传动员、开展地方特色食品消费量调查等方面作了经验介绍和交流。本次培训班紧紧围绕年度调查目标和内容，采取集中理论授课、现场模拟考核、实际入户实习的形式对总体方案、调查内容、平板数据采集系统使用、体格测量、食物重量估计、现场调查工作技巧等方面进行了全面培训。通过培训及入户调查实习，学员们进一步明确了调查工作的目标和任务，掌握了调查方法和技术，提升了现场工作能力，为2018年调查工作的顺利开展打下坚实基础。

中国居民食物消费量数据清理骨干人员培训班在北京举办

为进一步落实食物消费量调查工作的要求，做好食物消费量数据的清理和分析工作，2018年10月31日～11月2日，食品评估中心在北京举办了中国居民食物消费量数据清理骨干人员培训班。来自北京市、河北省、内蒙古自治区、辽宁省、黑龙江省、江苏省、浙江省、福建省、江西省、山东省、河南省、湖北省、广东省、重庆市、贵州省、云南省、陕西省、甘肃省共18省（自治区、直辖市）食物消费量调查工作相关负责人和技术骨干近30余人参加了培训。

　　培训班结合省级风险评估机构对食物消费量数据的实际需要设置授课内容，对食物消费量数据的清理原则和步骤、消费量数据统计分析方法、SAS统计软件使用等内容进行重点讲解。此外还特别邀请北京大学、中国疾控中心、辽宁省疾控中心及食品评估中心相关专家介绍了营养食品领域数据库清理原则、缺失数据的处理分析、SAS软件实用技巧、空间数据统计分析方法等内容。本次培训采用了理论授课—SAS操作实习相结合的方式，使学员更好地掌握了食物消费量数据分析处理方法和技术，提高了培训内容的实用性。

　　食品评估中心通过定期开展食物消费量数据清理分析培训，已逐步建立起一支国家—省级数据分析骨干人员队伍并提升了对风险评估基础数据的利用能力，有力地促进了全国食物消费量调查工作网络建设，为下一步工作打下良好的基础。

开展 2018 年消防安全培训

　　为进一步增强职工消防安全防范意识，食品评估中心于 2018 年 11 月 28 日组织举办 2018 年度消防安全培训会。食品评估中心副主任李宁和 90 余名职工参加培训。

　　李宁副主任在讲话中强调，各部门要强化安全生产意识，层层落实主体责任，时刻把安全工作放在第一位，牢固树立安全生产红线意识，全力抓好消防安全工作。她要求食品评估中心各部门要立即开展安全隐患自查和组织多部门联合排查工作，全面加强安全用电、危化品管理、现场安全值班等相关安全工作。

会议传达学习了国家卫生健康委《关于转发国务院安委会办公室进一步加强当前安全生产工作和开展2018年今冬明春火灾防控工作的通知》。

此次培训邀请资深消防安全专家阜外医院李清春老师为大家讲解了消防设施、安全警示、火灾预防、报警与初期扑救、安全疏散，以及实验室安全相关知识等内容，现场演示了灭火器的使用，并带领大家实际操作了防烟面罩的佩戴。

通过此次培训，参训职工加深了对加强安全生产和消防安全知识的了解，提高了对消防安全重要性的认识，切实增强了严格落实消防安全规定的自觉性。

举办2018年新职工入职培训班

2018年12月3～5日，食品评估中心在北京广西大厦举办新职工入职培训。食品评估中心领导刘萍副主任出席了培训班并作报告，培训班邀请各处室负责人为新职工全面介绍了食品评估中心制度、业务等方面情况，共有20多名新职工、新入站博士后参加了培训。

食品评估中心领导刘萍副主任代表领导对新职工加入食品评估中心大家庭表示欢迎和祝贺，并对新职工提出了殷切希望，"青年兴则国家兴，青年强则国家强"，希望新员工们既要政治过硬、也要业务过硬，在干中学、在学中干，不怕吃苦、勤奋努力、坚持学习、开阔视野、坚定信仰、抵制诱惑，"不忘初心、牢记使命"，保卫国家和人民舌尖上的安全。新职工们也畅谈了入职感言和学习心得，大家表示食品评估中心是食品行业的国家队，今后将肩负责任感和使命感，脚踏实地，开拓进取，尽快适应新的工作岗位，努力使自己成为有理想有本领有担当的业务骨干，为食品评估中心的发展贡献自己的力量。

食品评估中心各职能部门负责人向新职工介绍了食品评估中心的历史背景、组织架构、各项规章制度及工作流程。各业务部门负责人分别介绍了食品评估中心主要职责、工作任务、发展方向等基本业务情况。培训期间，新职工参观了蒙牛乳业（北京）股份有限公司，听取了企业食品安全理念、质量管理等方面的介绍，实地了解我国现代食品企业生产现状，并就食品营养和安全风险控制等方面的问题进行了交流。培训班还组织新职工前往中国国家博物馆参观庆祝改革开放 70 周年大型展览，亲身感受我国改革开放取得的伟大成就。展览进一步激发了大家的爱国热情，使人愈加珍惜今天的美好生活，增强了民族自豪感、使命感。

通过本次培训，使新职工对食品评估中心有了较为全面系统的了解，为新职工们更快、更好地适应食品评估中心工作奠定了基础。

召开 2018 年度领导班子述职暨"一报告两评议"考核测评会

按照国家卫生健康委人事司《关于开展 2018 年度直属联系单位领导班子和委管干部考核工作的通知》及《关于 2018 年度委直属和联系单位选人用人"一报告两评议"工作有关事项的通知》要求，2018 年 12 月 17 日上午，食品评估中心在双井办公区召开了 2018 年度食品评估中心领导班子述职暨"一报告两评议"考核测评会。会议由食品评估中心副主任、党委副书记严卫星同志主持。委人事司有关同志参加了会议，并对考核测评工作提出了要求。

严卫星同志对食品评估中心一年来的工作进行了总结，并对 2018 年度选人用人"一报告两评议"工作进行了专题报告。2018 年，在国家卫生健康委的正确领导下，在人事司等相关司局的指导和帮助下，食品评估中心领导班子认真履职，严格贯彻落实党中央和国家卫生健康委的决策部署，圆满完成各项工作任务，取得了较好的成绩。食品评估中心纪委书记王竹天、副主任李宁、四级职员刘萍结合各自分管工作进行了述职。

全体中层以上干部对领导班子进行了民主评议，对选人用人工作和新提拔干部进行了民主测评。食品评估中心领导班子成员、中层干部共 50 余人参加了会议。

国际合作与交流

2018 年中德食品安全风险监测工作交流研讨会在北京召开

依据食品评估中心与德国联邦食品与消费者保护局（BVL）合作备忘录的要求，2018 年 5 月 29～30 日，食品评估中心在北京召开了"2018 年中德食品安全风险监测工作交流研讨会"。德国驻华使馆农业与食品参赞柯荣先生，德国联邦消费者保护与食品安全局（BVL）4 位专家、食品评估中心领导王竹天及相关人员、部分省卫生计生委、疾控中心监测工作人员共计50 余人参加了会议。

开幕式上，食品评估中心领导王竹天指出，两国监测工作以往合作取得了良好的成效，定期交流研讨促进了双方工作的开展，今后双方需要在监测设计的科学性、实施过程的规范性以及针对新隐患监测方面继续互相借鉴、交流和提升。柯荣参赞也表示，中德双方合作前景良好，尤其在当今全球化大趋势下，德国政府将愿意为双方进一步合作和共赢提供更为广阔的空间和便利的条件。德方 BVL 专家团队领导 Astrid DroB 女士也表示，德国联邦消费者保护与食品安全局非常高兴能有这样的机会介绍德国在监测工作方面的经验，同时也会继续支持此项合作持续开展下去。

按照议程，双方就监测的科学设计、农药残留监测、人畜共患致病菌监测、数据分析与报告、监测信息共享共五个单元分别展开深入的交流和研讨，过程中来自部分省卫生计生部门和疾控中心的专家也积极参与讨论，并就工作中遇到的问题与德方专家展开热烈的讨论。最后，中德双方还就下次研讨会的议题进行了讨论，根据双方的需求，初步确定包括农药残留监测、微生物监测、食物过敏、监测报告撰写问题等内容。

作为一项中德双方定期开展的国际合作活动，一方面达到了共享监测工作经验目的，同时也在了解国际食品安全监测领域的发展动向、前沿技术和组织实施等方面达到了相互促进、共同提升彼此能力的目的和效果。

第 41 届国际食品法典委员会在罗马召开

第 41 届国际食品法典委员会（CAC）会议于 2018 年 7 月 2～6 日在意大利罗马联合国粮食及农业组织（FAO）总部召开。来自巴西的食典委主席 Guilherme Antonio da Costa 先生在 3 位副主席的协助下主持了会议，来自 121 个成员国和 1 个成员组织（欧盟）的代表和 84 个政府间组织和非政府组织的观察员出席了会议。

会议主要讨论了国际食品法典标准审议的原则、在第 8 步、5/8 步和第 5 步通过的 24 项国际食品法典标准、10 个新立项工作、以通信方式工作的委员会及试点设立标准推进委员会等议题。会议通过的《预包装食品标签通用标准》对日期标识规定的修订、食用菌中的铅限量、巧克力产品中的镉限量、《防止及减少食品和饲料中二噁英、二噁英类多氯联苯和非二噁英类多氯联苯污染操作规范》《龙胆紫风险管理建议》等标准和文本对我国食品安全管理有重要的参考意义。我国主持的国际食品添加剂法典委员会和农药残留法典委员会提交的标准提案均被大会通过，特别是《国际食品添加剂通用标准》和《食品中农药残留限量标准》的修订稿扩展和调整了 400 余项食品添加剂、400 余项农药的使用要求。

国际食品法典委员会即将制定《食品包装正面使用简化营养信息指南》《食品企业经营者食品过敏原管理操作规范》《（微）生物食品源危机/疾病爆发管理指南》新工作，值得我国相关部门和专家予以关注。

会议还听取了国际食品法典委员会工作管理、法典信托基金运转等法典事务报告，国际食品法典委员会秘书处的工作获得参会代表的高度评价。联合国粮农组织和世界卫生组织的代表在会议中感谢各国对国际食品法典委员会工作的支持，并宣传了国际食品安全大会等以食品安全为主题的全球性活动，邀请各国在联合国大会上支持设立世界食品安全日，加强食品安全和营养健康在国际领域的合作。

中国派出了由国家卫生健康委、农业农村部、海关总署、香港特别行政区食物环境卫生署食物安全中心、澳门特别行政区民政总署食品安全中心、国家标准化管理委员会、食品评估中心等单位的代表参加了本次会议。食品评估中心樊永祥研究员、丁颢助理研究员以CCFA主席和中国食品法典委员会秘书处身份参会，并协助国家卫生健康委承担了代表团的组织工作。会前，中国代表团还派员参加了第75届执委会，就法典2020—2025年战略规划等议题发表意见。

会议中，代表团在法典标准审议原则、建议制定以通信方式工作的委员会的工作指南等议题发言，获得了其他与会代表的广泛支持。会议期间，代表团和来自其他各国的代表在食品安全管理和能力建设等方面交流了经验，为未来的合作奠定基础。

第72次WTO/SPS例会在日内瓦召开

世界贸易组织（WTO）卫生与植物卫生（SPS）措施委员会第72次例会于2018年7月11～13日在瑞士日内瓦召开。由商务部、国家卫生健康委、农业农村部、海关总署和中国常驻日内瓦使团等部门15名代表组成的中国代表团参会。国家卫生健康委WTO项目办公室、食品评估中心吕涵阳作为代表团成员参加会议。

会议议题包括SPS协定第五次审议、成员间信息共享、具体贸易关注、SPS协议的运作和实施、跨领域问题、技术协助与合作、私营和商业标准关注等内容。中国代表团对欧盟"输欧动物源性食品随附氯霉素等兽药检测报告"措施、欧盟"真菌灭菌丹新定义"、欧盟"内分泌干扰物新政策"、美国

"水产品监控计划和海洋哺乳动物保护法案"、印度"暂停苹果、梨和金盏花籽进口"等提出关注，并就美国对中国"高致病性禽流感导致的进口限制""进口食品随附官方证书""农业转基因生物安全性评估实施条例的拟修订草案"等关注进行了澄清。会议期间，中国代表团分别与韩国、澳大利亚、瑞士、印度、美国、欧盟、摩洛哥、俄罗斯等 WTO 成员进行了双边磋商。

此外，在正式会议之前举行的 SPS 委员会控制、检查和批准程序专题研讨会上，参会代表分享了关于控制、检查和批准程序的实践经验，并讨论了如何调动资源、加强 SPS 能力建设以及相关实践。中国代表团对进口食品监管体制改革工作进行了介绍。

WTO 第七次对华贸易政策审议也于 2018 年 7 月 11 日同步在日内瓦举行。世贸组织贸易政策审议是其透明度机制最重要的组成部分之一，是成员相互了解彼此经济贸易体制和政策走向的重要平台。中国作为全球前四位的贸易大国之一，目前每两年接受一次审议。世贸组织成员高度关注和重视中国此次贸易政策审议。近 70 个 WTO 成员大使或代表在审议会议上发言。国家卫生健康委 WTO 项目办公室在此次对华贸易政策审议前期准备工作当中，参与了世贸组织秘书处撰写秘书处报告所需信息问题单的答复工作。

挪威农业与食品部代表团访问食品评估中心

2018 年 8 月 9 日，挪威皇家农业与食品部秘书长莱夫·福塞尔（Dr. LeifForsell）率代表团访问了食品评估中心。代表团一行在风险交流部韩宏伟主任的带领下参观了陈列室，随后双方展开会谈。严卫星副主任代表食品评估中心卢江主任对福塞尔先生来访表示热烈欢迎，吴永宁技术总师和樊永祥博士分别介绍了中欧食品安全合作项目及国际食品法典相关工作。福塞尔先生介绍了挪威食品安全管理体系，并高度赞赏食品评估中心发挥的重要作用，希望与中方积极拓展合作。严卫星副主任建议双方在食品安全信息交流、专业人员互访、科研项目等领域建立合作，推动两国食品安全工作的发展。挪威驻华使馆有关人员，食品评估中心科教与国际合作处、评估二室、风险监测二室有关负责人参加了会议。

陈君石院士率团赴欧洲食品安全局参加双边会谈和多项学术活动

2018年9月17～21日，食品评估中心陈君石院士率刘兆平研究员等一行8人赴意大利欧洲食品安全局（EFSA）参加CFSA－EFSA双边会谈，并参加EFSA科学大会等多项学术活动。

CFSA—EFSA双边会谈是食品评估中心与欧洲食品安全局2016年签署的合作备忘录框架下的重要内容，也是双方交流合作的重要平台。9月20日，陈君石院士和刘兆平研究员与EFSA专家举行了双边会谈，会议回顾了双方在食品安全风险评估和风险交流领域的合作经验和成果，介绍了2018—2020年合作计划的进展情况，讨论了未来的合作主题和合作机制等问题。双方认为，派员参加对方科学活动和技术培训是促进双方交流合作的有效途径，将来可采取多种方式在谷氨酸盐等风险评估、风险交流方法学等方面进一步加强合作。

为加强风险评估技术交流，应食品评估中心代表团要求，EFSA专程组织双边技术交流会（9月18日）。EFSA各领域专家针对食品评估中心会前准备的主题，重点介绍了EFSA在食物消费量数据整合、暴露评估方法学、数据质量评价和控制等方面的工作经验，并与CFSA专家进行了深入讨论，取得良好效果。

EFSA 2018年科学大会的主题是"科学、食品、社会"，历时4天（9月18～21日），通过大会主旨报告、分会场报告和展板等形式，针对现代风险评估技术进展、科学服务社会、生物性危害及证据管理等主题开展全方位交流，来自世界各国的专家分享了风险评估、风险交流及风险管理等方面的科学进展和实践经验。陈君石院士受邀担任"科学与社会融合"分会场主持人。

9 月 17 日和 18 日，EFSA 还分别举行了食品化学物风险评估方法学国际联盟磋商会（ILMERAC）和风险交流国际联盟磋商会（ILGRC），邀请世界各国专家讨论风险评估和风险交流领域的国际协调和未来合作问题。陈君石院士和刘兆平研究员参加了会议交流。

CFSA－EFSA 食品接触材料与食品添加剂安全性管理研讨会圆满结束

为切实落实食品评估中心（CFSA）与欧洲食品安全局（EFSA）2016 年合作备忘录框架要求，有效推进双方深层次技术交流与合作，已列入科教与国际合作处年度计划的 CFSA－EFSA 食品接触材料与食品添加剂安全性管理研讨会于 2018 年 10 月 26 日在 CFSA 顺利召开。来自 EFSA 的 Eric Barthélémy 博士、CFSA 王竹天研究员、标准三室、评估二室、监测一室等业务部门人员及来自广东出入境检验检疫局、北京化工大学等单位的专家共计 24 人出席研讨会。标准三室张俭波研究员主持会议。

王竹天研究员代表 CFSA 对 Eric Barthélémy 博士来访表示热烈欢迎，并简要介绍了食品评估中心概况与相关业务情况。Eric Barthélémy 博士介绍了 EFSA 的组织机构、工作范围与程序等基本情况，并就欧盟食品接触材料和食品添加剂新品种申报与评估程序、申报资料要求与安全性评估方法、食品接触材料评估实例以及双酚 A、邻苯类塑化剂等最新评估工作进展进行了系统、详实地介绍。标准三室朱蕾副研究员、评估二室隋海霞研究员分别就我国食品接触材料标准体系、食品接触材料新品种申报以及评估工作最新进展进行了介绍。与会人员针对中欧食品接触材料中单体与寡聚物、双酚 A 以及食品中转基因酶制剂的评估等热点问题进行了广泛交流与深入讨论，取得良好效果。

该次研讨为 CFSA－EFSA 合作框架下的深层次技术交流，是 CFSA 派员参加 EFSA 技术培训的进一步合作深化。双方一致认为，基于合作框架与本次研讨会达成的共识，未来 CFSA－EFSA 之间在食品接触材料与食品添加剂的新品种审批与风险评估领域有必要就具体的业务流程、工作模式、技术方法等内容进行更广泛、更深入、更紧密的交流与合作。

英国曼彻斯特大学 Clare Mills 教授访问食品评估中心

2018年11月5日，英国曼彻斯特大学分子变态反应学教授 Clare Mills 一行来访食品评估中心。吴永宁技术总师会见了 Clare Mills 教授，并进行了专业交流。Clare Mills 教授介绍欧盟食物过敏研究计划，食品评估中心重点实验室陈艳研究员及其课题组成员就进一步加强中英食物过敏研究合作进行了讨论。

Clare Mills 教授是英国曼彻斯特大学分子变态反应学主席。她协调了欧盟资助的食物过敏研究 Euro Prevall 和 iFAAM 项目。她的研究领域集中在食物蛋白质的结构—功能关系，特别是关于什么使得某些蛋白质而非其他蛋白质成为致敏原，包括食物基质和加工对食物蛋白质消化的抵抗力及其在确定食物致敏性时的作用。

科教国合处、风险监测一室、标准一室有关研究人员参加了会谈。

2018年抗生素耐药性与全链条健康管理国际会议在北京成功举办

抗微生物药物耐药性（antimicrobial resistance，AMR）已成为当前全球公众健康最复杂的威胁之一。若耐药性问题不加以应对，到2050年，全世界 AMR 会导致每年约1000万人死亡，中国是抗微生物药物生产和使用（人、畜）大国，而且 AMR 的问题突出。时值世界卫生组织"世界提高抗菌药物认识周"到来之际，2018年11月10～11日，由食品评估中心、国际生命科学学会中国办事处、中国农业大学联合主办，国家卫生健康委食品安全风险评估重点实验室承办的"2018年抗生素耐药性与全链条健康管理"学术大会在北京成功举办。

国家卫生健康委食品司李泰然副司长，本次会议的主席、食品评估中心技术总师、WHO 抗微生物耐药性技术战略专家顾问组成员吴永宁研究员，中国工程院院士、食品评估中心总顾问、联合国抗微生物耐药性跨部门协调小组召集人陈君石，中国工程院院士、中国农业大学动物医学院院长沈建忠，世界卫生组织西太平洋地区卫生安全与紧急情况司 Peter Hoejskov 等出席会议并讲话。

　　李泰然副司长高度评价会议立题契合习近平总书记十九大报告提出的"实施健康中国战略"。陈君石院士针对全球，特别是我国抗生素耐药性问题，指出目前抗生素耐药性在人医临床、动物养殖和生态环境中广泛的扩散和传播，更加需要多个学科领域、多个部门之间、乃至世界各国的通力合作才能遏制耐药的传播与扩散。吴永宁研究员认为抗生素耐药性（AMR）威胁到可持续发展目标的实现，食物链间 AMR 防控，需要 WHO、FAO、OIE、UNEP 之间的合作与分工。

　　本次大会邀请了 36 位国内外著名细菌感染与耐药性专家学者作相关学术报告。大会报告涵盖了有关医学临床、动物养殖、生态环境、耐药性研究技术等多个方面的内容，会议期间，来自英国、德国、法国、挪威、丹麦和国家食品安全风险评估中心、中国农业大学、北京大学、复旦大学、华南师范大学、中国科学院、中国疾控中心、军事医学科学院等国内外著名大学与科研机构的 400 余位专家学者就全链条抗生素耐药性与健康等问题进行了交流，并展开了热烈讨论。大家一致认为本次学术大会为交流遏制细菌耐药在全球，特别是在中国的策略提供了很好的平台。世界卫生组织西太平洋地区卫生安全与紧急情况司食品安全技术主管 Peter Hoejskov，英国卡迪夫大学医学院副院长、英国皇家生物学会资深会员、英国皇家病理学院资深会员 Timothy Walsh 教授高度评价中国政府在耐药性的产生和控制方面作出的巨大努力。

　　本次大会通过邀请国内外从事相关研究的知名专家交流沟通，了解了全球抗生素耐药性研究现状、传播防控和健康策略，理清了我国 AMR 的前沿方向，探讨了新出现的耐药机制及传播规律前沿研究方向和技术，解答了如何建立全国性、标准统一的细菌耐药性数据库问题，制定了应对抗微生物药物耐药性蓝图。下一步我们采取切实行动将遏制细菌耐药性转化为人类卫生、动物卫生和环境卫生等相关部门的联合行动，为遏制细菌耐药性－中国在行动作出贡献。

本次国际会议由食品评估中心主办，受到了国家自然科学基金、科技部重点研发计划课题、国家卫生健康委食品安全风险评估重点实验室、北京市自然科学基金委员会、北京市食品营养与人类健康高精尖创新中心、世界卫生组织西太平洋地区等的支持。

派员参加第40届营养与特殊膳食用食品国际法典会议

在德国联邦政府的热情邀请下，第40届营养与特殊膳食用食品国际法典委员会（以下简称40 CCNFSDU）会议于2018年11月26～30日于德国柏林召开。来自73个成员国、1个成员组织、41个国际组织的300多名代表参加了本次会议。

中国代表团由来自国家卫生健康委、市场监管总局、农业农村部、中国疾控中心、食品评估中心、香港食环署、有关行业协会等部门的人员组成。食品评估中心严卫星副主任、韩军花研究员、梁栋、屈鹏峰参加了会议。韩军花研究员为中国代表团团长兼发言人。

本次会议的议题非常多且会议讨论非常热烈。主要议题包括较大婴儿和幼儿配方食品标准（CODEX STAN 156—1987）中关于产品定义、标签和广告要求的修订、针对重度营养不良儿童的即食治疗用食品标准讨论、生物强化的定义、长链多不饱和脂肪酸 DHA/EPA 的 NRV－NCD 值（预防慢性非传染性疾病的营养素参考值）、"0"反式脂肪酸声称要求和条件、较大婴儿和幼儿的 NRV－R 值（满足需要量的营养素参考值）、食品及膳食补充剂中使用益生菌指南、建立营养素轮廓（Nutrition profile）的通则等。

中国代表团在会前做了充分准备，参加了多项电子工作组工作。会前食品评估中心组织召开了专题研讨会，形成专家共识，向国家卫生健康委食品司上报了参会口径稿，并选举了代表团团长和发言人。会议期间，中国代表团多次积极发言，结合我国标准现状和有关研究数据，就较大婴儿和幼儿配方食品标签要求、长链多不饱和脂肪酸 DHA/EPA 的 NRV－NCD 值、"0"反式脂肪酸声称、较大婴儿和幼儿的 NRV－R 值、食品及膳食补充剂中使用益生菌指南等内容阐述了中国的观点，并积极与国际组织代表、各国代表团人员沟通，阐述中国观点并争取支持。

第九次中韩食品安全标准专家会在北京召开

2018 年 12 月 18～19 日，第九次中韩食品安全标准专家会在北京召开。本次会议旨在落实食品评估中心与韩国食品药品管理部签署的双边合作协议，进一步推动中韩两国在食品安全标准制定、营养和特殊膳食食品管理、国际食品法典等领域的交流与合作。

食品评估中心副主任王竹天研究员在开幕式致辞，回顾了中韩两国在食品安全标准方面开展的交流，赞赏双方多年来积极合作取得的成果；他指出，今年是中国改革开放 40 周年，在食品安全领域继续全面深化落实改革开放，既是食品评估中心发展建设必由之路，也是中韩两国加强合作、参与全球食品安全治理、积极发展全球伙伴关系的重要途径。会议由王永挺主任助理主持，标准二室王君研究员、营养一室韩军花研究员等详细介绍了中国食品安全标准管理等工作，中韩双方专家就共同关注的食品产品标准等问题进行了深入研讨与交流。科教与国际合作处、标准中心、营养中心等相关人员参加了会议。

会后，韩国代表团在中方的安排下参观了中国发酵食品工业研究院，实地调研了食品工业研发、真实性检验等方面的情况。

人事人才

召开2017年度主任助理、技术总师、处室负责人述职大会

2018年1月5日，食品评估中心在双井工作区召开了2017年度食品评估中心主任助理、技术总师及中层干部述职大会。会议由食品评估中心党委副书记、副主任严卫星同志主持，食品评估中心领导及全体职工参加了本次会议。

食品评估中心主任助理王永挺、技术总师吴永宁分别围绕2017年度工作情况、存在的问题和不足以及2018年工作计划三个方面进行了个人述职总结；随后28名各职能处室、业务处室、实验室负责人对2017年度部门工作进行了工作述职，汇报了各团队的工作成绩。在食品评估中心领导带领下，各部门根据自身的职责，认真贯彻落实国家卫生健康委和食品评估中心的各项工作任务，认真学习党的十九大报告和习近平系列讲话精神，积极开展"两学一做"学习教育常态化活动，不断提高政治思想觉悟以及履职能力，顺利完成各项工作任务。

在述职结束后，在纪检部门监督下，食品评估中心领导班子成员、处室负责人对各部门2017年度工作进行投票，评选2017年度食品评估中心优秀部门和优秀中层干部。

召开2017年度工作总结大会暨优秀表彰活动、文艺汇演

2018年2月9日，食品评估中心召开工作总结会暨优秀表彰及文艺汇演活动，回顾和总结2017年食品评估中心业务工作和党建及党风廉政建设工作，并表彰奖励了食品评估中心2017年度优秀团队、优秀中层干部、优秀

职工和先进基层党支部、优秀党务干部、优秀党员、优秀团员。

食品评估中心副主任、党委副主任严卫星围绕"1＋434"工作体系全面总结了 2017 年食品评估中心业务工作和党建及党风廉政建设工作。2017 年在国家卫生计生国家卫生健康的正确领导下，食品评估中心按照国家卫生健康委"工作落实年"的总体部署，履职尽责，开拓拼搏，服务大局，改革创新，全面落实重点工作，各项工作取得积极进展。会议强调，2018 年是全面贯彻落实党的十九大精神开局之年，食品评估中心要以习近平新时代中国特色社会主义思想为指导，锐意进取，扎实工作，开启食品评估中心事业新篇章。最后严卫星副主任对青年职工提出寄语希望，他指出，青年兴则中心兴，青年强则中心强，食品评估中心青年职工肩负着食品评估中心未来发展的神圣使命，各位青年职工一定要有理想，有本领，有担当，为我国食品安全事业贡献力量。

会议宣读了食品评估中心表彰 2017 年度优秀团队、优秀中层干部、优秀职工和表彰 2017 年度优秀党员、优秀党务工作者、先进基层党支部、优秀团员的决定，并颁发获奖证书，同时号召全体职工向优秀党员、干部、职工学习，在 2018 年继续作好本职工作，切实发挥先进带头作用。

会后食品评估中心职工进行了文艺汇演，各支部通过丰富多彩的表演形式，原创性的表演内容展现了食品评估中心人的精神风貌，共同庆祝 2018 年新春佳节的到来。

举行 2018 年中国食品安全技术支撑人才培训项目(CFSTP)开班仪式

2018 年 3 月 28 日，第三期中国食品安全技术支撑人才培训项目（CFSTP）开班仪式在双井办公区举行。食品评估中心副主任李宁、刘萍，食品评估中心主要处室负责人以及全体学员 30 余人出席了开班仪式。资源协作处处长满冰兵主持会议。

本期共遴选招收 17 名学员，分别来自上海、江西、湖南、新疆、西藏等省级疾控中心从事食品安全工作的骨干人员。

刘萍副主任代表食品评估中心领导致辞。她首先向学员们表示祝贺和欢迎，简要介绍了CFSTP项目的背景和实施情况。CFSTP项目是食品评估中心在国家卫生健康委的支持下，围绕推进健康中国建设和实施食品安全战略的总体要求，为地方培养食品安全技术支撑复合型人才，作为食品安全卫生人才队伍发展的带头人，从而带动卫生系统食品安全人才队伍的整体发展。并向学员们提出了要求和期望，希望学员们珍惜项目创造的学习机会和条件，充分利用食品评估中心平台资源，结合地方实践，圆满完成学习任务。

资源协作处计融研究员对培训项目整体安排进行了介绍，项目以"干中学，学中练"的基本理念，分为两个月核心课程和六个月的工作实践。

随后，艾依热提·买买提代表全体学员发言，表示在培训期间一定会勤学善思，敏学善用，完成培训任务。

最后，李宁副主任表示，食品评估中心领导高度重视CFSTP项目，在整体经费减缩下提高项目经费，延长培训周期，为学员们创造了良好的学习环境，希望学员们珍惜机会，遵守纪律，认真学习，学有所成最终提交一份满意的答卷。

"523项目"召开2018年工作例会

2018年4月10日，食品评估中心组织召开"523项目"2018年工作例会，布置项目年度预算、总结和考核计划安排，落实年度工作重点。食品评估中心副主任李宁出席会议，8个专业技术团队负责人、联络员及有关管理部门负责人参加会议。

会议首先介绍了项目年度预算分配，对团队、青年基金和22类食品小组的年度经费使用提出建议和要求。会议讨论了协作处提出的专业技术团队总结报告模板，并对各团队的项目总结工作提出具体要求。会议通报了项目考核工作计划和安排。

李宁副主任重申"523 项目"对食品评估中心人才培养和履职能力提升发挥了重要作用，希望参与项目工作的部门和成员，要同心协力完成项目预定的目标和任务。她强调，2018 年是项目执行最后一年，在继续完成项目任务的同时，还要重点作好项目总结、考核工作。

精准团队科研人员参加 2018 年持久性有机污染物论坛

由清华大学持久性有机污染物研究中心、中国环境科学学会持久性有机污染物专业委员会、中国化学会环境化学专业委员会、环境模拟与污染控制国家重点联合实验室、新兴有机污染物控制北京市重点实验室以及清华苏州环境创新研究院共同主办的"持久性有机污染物论坛 2018 暨化学品环境安全大会"于 2018 年 5 月 17～19 日在四川省成都市召开。食品评估中心"523 人才培养计划"精准团队特聘负责人、香港浸会大学蔡宗苇教授带领食品评估中心化学实验室李敬光研究员、张磊副研究员和王雨昕助理研究员参加了本次会议。

蔡宗苇教授作了题为"持久性有机污染物的环境与膳食暴露以及健康风险研究"的精彩大会报告。蔡教授以香港为例详述了 POPs 的环境分布、污染来源及消解方案，同时阐述了香港地区动物性食品中二噁英类物质的污染水平，并按照香港普通人群的饮食习惯，对其通过膳食摄入的二噁英类物质所带来的健康风险进行了评估，并提出了相关的饮食消费建议。在本次论坛上，蔡教授获得了组委会颁发的 2018 年"消除持久性有机污染物杰出贡献奖"。

李敬光研究员在持久性有机物论坛 2018 卫星会暨二噁英检测分析技术研讨会上作了题为"二噁英的人体健康效益的评价和风险评估"的精彩报告，详细分析了二噁英类物质暴露致孕妇在孕期患妊娠糖尿病的风险，以及中国第六次总膳食研究中有关二噁英类物质的初步结果，并分析了我国普通人群通过膳食摄入二噁英类物质的变化趋势。

本次大会在POPs分析方法与污染水平、POPs降解机理与控制技术、有机污染物监测与筛查方法等领域均有相关报告，本实验室重点关注了PFOS/PFOA替代国内外趋势与关键技术的分会场，了解了我国对履行《斯德哥尔摩公约》的工作的开展、推进和成效，中国PFOs优先行业削减与淘汰项目的相关内容，以及全氟辛酸和全氟己烷磺酸将被列入公约的进展情况。通过参加此次会议，拓宽了我们的研究视野，增强了对我国和国际上的POPs技术进展及政策法规的了解，为今后的实验室工作提供了一些新思路和可借鉴的经验。

召开2018年CFSTP食品安全支撑技术应用汇报交流会议

为检验和提升中国食品安全技术支撑人才培训项目（CFSTP）培训质量与效果，2018年6月25～26日食品评估中心在长沙举办了2018年CFSTP食品安全支撑技术应用汇报交流会议，CFSTP2016届、2017届学员、2018届学员代表及湖南省卫生计生委，湖南省疾控中心，食品评估中心相关人员参加会议。

首先，会议重温了CFSTP学员在食品评估中心参训时的美好时光。所有毕业学员就所学食品安全支撑技术在实际工作中的应用以及与食品评估中心后续工作联系情况进行了汇报交流，学员们表示，通过培训，食品安全技术能力明显提高，增强了专业素养，开拓了眼界，能够站在更高层面上发现问题、解决问题，与食品评估中心在工作方面的联系更加紧密。

会议围绕培训项目学制、核心课程设置、实践项目管理、招生方式、交流汇报等问题展开了讨论，并提出了建设性意见。会议一致认为，该项目作为我国食品安全技术支撑人员规范化培训工作的新起点，对我国地方食品安全技术人员支撑能力提升起到了重要作用。

此次会议为各期学员搭建了良好的交流平台，促进了食品安全技术支撑框架下不同专业领域间的相互学习与交流，为项目更好的发展提供了新视野、新方向。

召开 2018 年中国食品安全技术支撑人才培训项目总结会

2018 年 11 月 5 日，食品评估中心 2018 年中国食品安全技术支撑项目（CFSTP）总结会在北京顺利举行。国家卫生健康委食品司副巡视员李泰然，食品评估中心副主任李宁、以及来自天津、河北、山西、吉林、江西、湖南、广西、重庆、西藏、新疆（省、自治区、直辖市）疾控中心、辽宁省卫生健康服务中心、盘锦检验检测中心及苏州市疾控中心等学员派出单位的领导、专家出席了项目总结会。

总结会上，全体学员均就自己的学习成果作了展示和口头报告，并全部通过了专家们的现场评审考核。会议还对 2018 年 CFSTP 的优秀授课教师、口头报告优秀学员和优秀指导教师进行了颁奖。

学员派出单位领导、专家对 CFSTP 项目的组织管理工作给予了高度评价，对学员们能够通过短短 8 个月的时间，完成如此富有挑战性的学习和实践任务，并通过报告展现出了在理论水平、技术能力和专业素养等方面的提升幅度，表示满意和赞叹，在对项目发展提出了建设性意见和建议的同时，还表达了地方食品安全技术支撑机构目前对 CFSTP 项目培养人才需求的迫切性。

李宁副主任充分肯定了培训项目，并向对项目予以支持的各学员派出单位、食品评估中心相关业务部门和资源协作处以及全体学员表示感谢，她认为良好的培训效果凝聚着方方面面的共同努力，希望学员返回工作岗位后能够学以致用，逐渐成为卫生健康系统食品安全技术支撑的骨干和领军人才。

食品司李泰然副巡视员充分肯定了 CFSTP 项目 3 年来为地方培养食品安全技术支撑人才及促进食品安全事业发展所作的贡献，希望食品评估中心依托 CFSTP 项目，带动和推进全国食品安全人才培训的可持续、规范化发展，同时以自身经历为例，说明培训工作的重要性，叮嘱学员们要通过不断地参加培训与交流，丰富阅历，增强信心，掌握多方位思考问题的方法，时刻准备迎接食品安全事业的挑战。

召开高层次人才队伍建设项目终期考核评审会

食品评估中心高层次人才队伍建设项目（简称"523项目"）是由财政部、人社部、国家卫生健康委设立的，以提升食品安全技术支撑能力、建设食品安全高层次人才队伍为目标的人才项目。该项目以引进和培养23名高层次人才，建立8个重点领域的专业技术团队为目标，其中包括通过双跨方式引进的8名海内外权威专家作为学术领军人才，即8个专业技术团队特聘负责人。项目执行期2014年至2018年，经过近5年的实施，项目取得明显成效，构成较为合理的人才结构和梯队，专业技术能力得到明显提升。按照项目实施方案的具体安排，在项目即将结束之际，食品评估中心召开"523项目"终期考核评审会，对项目整体实施情况进行考核，并对8名特聘负责人的工作业绩开展验收评审。

评审会于2018年11月9日在京召开，来自中国人事科学院、中国医学科学院、北京师范大学、中国疾控中心等单位的专家组成评审专家委员会，由中国疾控中心营养与健康所研究员杨晓光担任主委。会议由食品评估中心副主任李宁主持，食品评估中心主任助理王永挺及相关人员共50人参加会议。

各专业技术团队特聘负责人结合个人聘期内的岗位职责和工作任务，分别从科学研究、人才培养、团队建设、争取资源等方面进行了详实汇报，并回答了评委提问。评审委员会根据特聘负责人的汇报和答辩情况进行了评议和打分，对项目进行了充分的肯定，认为人才引进与专业技术团队建设对食品评估中心凝练科研方向，引领专业发展，提升整体履职能力，加速一批青年人才成长，扩大国内外影响力等方面发挥了显著作用，并就项目二期相关工作提出了极具建设性的意见，项目顺利通过专家评审。

党群工作

召开党支部书记述职大会

2018年1月5日，食品评估中心召开党支部书记述职大会。食品评估中心八个党支部书记围绕学习贯彻党的十九大精神、全面从严治党以及开展"两学一做"学习教育常态化制度化等党建重点工作情况进行了总结，认真查找了问题与不足，并提出下一步党建工作思路。全体党员以无记名投票方式对他们的述职进行了评议。食品评估中心领导班子、全体党员参加会议。

召开 2017 年度党建述职大会

2018年1月12日上午，食品评估中心党委召开 2017 年度党建述职大会。原国家卫生计生委第五督导组组长李建国、组员曾彦苤临指导，会议由食品评估中心党委副书记、副主任严卫星主持，食品评估中心全体领导班子、中层干部及全体党员参加会议。

会议由食品评估中心严卫星党委副书记、副主任代食品评估中心党委书记、主任卢江作 2017 年度食品评估中心党建述职报告。严卫星副书记从学习宣传贯彻党的十九大精神；履行基层党建工作责任；深入开展"两学一做"教育常态化制度化工作；加强党风廉政建设、促进"两个责任"落实和抓基层党建工作取得的成效五个方面对食品评估中心 2017 年度党建工作进行了回顾总结，同时查找存在的问题并提出了 2018 年党建工作计划。

委第五督导组李建国组长对食品评估中心党建工作进行点评并提出了要求。李建国组长充分肯定了食品评估中心 2017 年度党建工作所取得的成效，他指出，食品评估中心在委直属机关党委的指导下，落实全面从严治党要求，严格执行中央八项规定精神，坚决反对"四风"，能够深入学习宣传贯彻党的十九大精神，推进"两学一做"学习教育常态化制度化形式多样、效果明显，注重加强领导班子建设，履行党建工作责任制，大力推进基层党组织建设，探索并完善了党建与业务工作的充分融合。希望食品评估中心党委继续按照全面从严治党要求，组织广大党员干部积极开展"不忘初心、牢记使命"专题教育，全面落实党的十九大提出的"实施健康中国战略""实施食品安全战略"的各项新要求，为我国食品安全事业的健康发展，为决胜全面建成小康社会，夺取新时代中国特色社会主义伟大胜利，为实现中华民族伟大复兴的中国梦作出新的贡献。

举行 2018 年春节团拜会

2018 年 2 月 11 日，食品评估中心举行 2018 年春节团拜会。食品评估中心主任、党委书记卢江代表食品评估中心领导班子向全体干部职工致以节日的问候和美好的祝福。

卢江指出，2017 年食品评估中心在原国家卫生计生委党组的正确领导和食品司等各相关司局的关心、支持下，食品评估中心领导班子团结带领全体干部职工，履职尽责，开拓拼搏，以服务大局、求真务实、改革创新的工作作风，按照国家卫生健康委"工作落实年"总体部署，围绕"1＋434"工作体系（即"1"是：认真贯彻落实中央和国家卫生健康委各项决策部署，"4"是：抓好四大核心业务，"3"是：建好三大支撑，"4"是作好四大保障），食品评估中心各项工作取得积极进展。

卢江强调，2018 年是全面贯彻落实党的十九大精神开局之年，食品评估中心全体干部职工要继续深入学习宣传贯彻落实党的十九大精神，坚决从思想上、政治上和行动上同以习近平同志为核心的党中央保持高度一致。要按照国家卫生健康委决策部署和 2018 年全国卫生计生工作会议要求，聚力抓重点、补短板、强弱项，要突出重点，突破难点，大力推进"1＋434"体系建设取得新成效。食品评估中心领导班子办公会成员、全体中层干部等50余人参加了团拜会。

召开2017年度党员领导干部民主生活会

2018年2月8日，食品评估中心党委召开2017年度党员领导干部民主生活会，食品评估中心党委副书记、副主任严卫星主持会议，原国家卫生计生委直属机关党委组织处杨蕊处长到会指导，食品评估中心党委委员、领导班子办公会成员参加会议。

民主生活会采取党员领导干部人人发言谈心得、对照中央和国家卫生健康委关于开好民主生活会提出"六个方面"查摆问题，积极开展批评与自我批评的方式进行。食品评估中心党委副书记、副主任严卫星代表食品评估中心领导班子进行对照检查，分析根源，剖析原因，有针对性地提出了加强理论学习、强化宗旨意识；加强责任意识，提高领导本领；大胆改革创新，增强担当精神；持续纠正"四风"，加强作风建设的整改措施；食品评估中心领导班子成员王竹天、李宁、刘萍逐一作了个人对照检查发言，进行自我剖析、自我查摆，同时进行批评和自我批评。党员领导干部的个人发言既查摆问题又分析原因；既讲现象又找根源，客观公正，襟怀坦白，互相帮助，互提问题和建议，达到了找准问题根源、统一思想认识的目的。

这次民主生活会食品评估中心党委高度重视，准备充分，主题鲜明；会议气氛融洽，批评与自我批评言辞诚恳、开诚布公，不回避矛盾；整改思路清晰，采取措施得当。为下一步顺利推动2018年食品评估中心党建工作上台阶找准了关键点，明确了努力的方向。

召开工会委员会2018年第一次会议

2018年2月8日，食品评估中心工会委员会召开第一次会议，会议由工会主席刘萍主持，工会委员、工会经费审查委员会委员代表参加了此次会议。会议总结了 2017 年食品评估中心工会工作，审议了 2018 年工会工作要点、2017 年度文艺汇演事宜、福利采购及兴趣小组有关事宜。

刘萍同志指出，2018 年是党的十九大胜利召开之后开局之年，是贯彻落实党的十九大精神和习近平新时代中国特色社会主义思想重要开篇之年。年终岁尾，食品评估中心工作总结、送温暖、文艺汇演等工作较多，一定要统筹兼顾，按照既定工作计划，积极推进，一步一个脚印，抓好落实。

刘萍同志强调，在新的一年里希望各位工会干部要继续努力，认真贯彻落实党的十九大精神，以习近平新时代中国特色社会主义思想为指导，不忘初心，牢记使命，把工会的每一项工作任务抓好、抓实，确保食品评估中心 2018 年工会工作顺利推进，再上新台阶。

开展"三八"妇女节"走进多肉世界"主题活动

为迎接国际"三八"妇女节，提高女职工文化艺术修养，食品评估中心妇工委于 2018 年 3 月 8 日上午开展了"走进多肉世界"主题活动，食品评估中心工会主席刘萍同志出席并讲话，食品评估中心副主任李宁及 80 余名职工参加活动。

刘萍同志代表食品评估中心工会、妇工委在"三八"妇女节主题活动中致辞。她强调，在过去的一年里，食品评估中心广大女职工发扬团结协作、开拓进取、勇于拼搏的精神，食品评估中心工会、妇工委工作取得一系列新好成绩，食品评估中心标准中心获得了"共青团中央、国家卫生计生委授予"2015—2016 年度卫生计生系统全国青年文明号称号"、食品评估中心工会获得"2015—2016 年度国家卫生计生委先进基层工会组织、优秀职工之家"等称号和荣誉。

同时，刘萍主席对食品评估中心女职工提出了殷切期望，希望广大女职工：一要自强不息、再接再励，在推进健康中国战略、食品安全战略的伟大征程中再创佳绩；二要加强理论学习，时刻以习近平新时代中国特色社会主义思想武装头脑，指导实践，指导工作，努力使自己成为具有自尊、自信、自立、自强精神的时代新女性。

主题活动中，邀请陈伟老师介绍了多肉植物在中国的起源和发展，以及在多肉植物养护过程中的注意事项，并现场指导大家亲手栽培多肉植物。活动现场气氛轻松愉悦，温馨的欢声笑语充满了整个会场。女职工们纷纷表示：感谢食品评估中心工会组织提供这样一个好的学习种植花卉的好机会，既学到了花卉种植知识，又在实践中亲自体会到知识的乐趣，同时也增进了相互交流，提升了广大职工的艺术修养和幸福感。

召开 2018 年第二次工会委员会扩大会

2018 年 4 月 24 日，食品评估中心工会召开 2018 年第二次会议，会议由工会主席刘萍主持，工会委员、工会经费审查委员会委员、女职工委员会委员、工会会计、工会小组长参加了此次会议。

会议介绍了食品评估中心工会 2017 年经费决算及 2018 年经费预算情况，审议了 2018 年"五一"慰问品采购和 2018 年春游活动计划等事宜。

刘萍指出，根据委直属机关工会召开 2017 年度财务决算暨 2018 年度预算布置及汇审会精神，今后食品评估中心工会工作要作到师出有名，依规而行，要严格按照工会各项规章制度办事，遇有重大事项要及时向两委请示报告。

刘萍强调，一是要围绕当前形势，认真学习落实党的十九届二中、三中全会和 2018 年"两会"精神，始终坚持以习近平新时代中国特色社会主义思想为指导，坚定不移地走中国特色社会主义工会发展道路；二是要紧密团结在以习近平总书记为核心的党中央周围，坚定维护核心，自觉服务中心，团结凝聚人心，不断增强信心，充分发挥工会工作优势和桥梁纽带作用。三是要根据国家卫健委 2018 年工会工作要点和委机关工会杨志媛主席讲话精神，联系工作实际，深入作好惠民安心福利工程，开展接地气的工会活动，为食品评估中心职工提供舒适、美好的工作环境而创造条件。

开展"五四"主题团日活动

2018 年 5 月 3 日，食品评估中心团员青年赴北京鲁迅博物馆开展"五四"主题团日活动。

鲁迅博物馆是为了纪念和学习中华民族的思想文化巨人鲁迅先生而建立的社会科学类人物博物馆，鲁迅先生作为我国著名文学家、思想家，"五四"新文化运动的重要参与者，是中国现代文学的奠基人。

参观中，食品评估中心团员青年细致了解了鲁迅先生的生平，不时在鲁迅先生的藏书、著书、原稿、笔记、照片等珍贵史料前驻足观看，多角度、全方位地体会鲁迅先生的光辉思想和伟大人格。

参观结束后，团员青年纷纷表示，这次参观活动既追思历史、缅怀先烈，又汲取了鲁迅先生宝贵的精神养料，通过本次参观活动，进一步增强了历史使命感、责任感和爱国主义情怀。作为新时代的青年人，我们要进一步学习和发扬鲁迅先生的爱国主义和坚韧战斗精神，在习近平新时代中国特色社会主义思想指导下，坚定理想信念、牢记初心使命，为实施食品安全战略、健康中国战略贡献力量。

举办"尚学讲坛暨英语演讲"比赛

2018 年 6 月 12 日，食品评估中心党委以"践行十九大 拥抱新时代"为主题，举办"尚学讲坛暨英语演讲"比赛。食品评估中心党委副书记、副主任严卫星，纪委书记王竹天，副主任李宁，工会主席刘萍等食品评估中心领导及 80 余名干部职工参加。

食品评估中心 8 个党支部各推选一名选手参加本次英语演讲活动。演讲人员用英语介绍马克思的生平事迹，号召大家树立远大理想，深入学习习近平新时代中国特色社会主义思想；向大家分享了"热爱生活、分享智慧、享受挑战"的人生哲学；探讨了如何追寻幸福，激励大家不断学习、成长；以"厉害了，我的国"为主题赞叹当今中国的发展成就；并结合自身工作，向大家介绍对食品安全国家标准、食源性疾病等工作的感悟。

食品评估中心李宁副主任、李凤琴研究员、韩军花研究员对 8 名演讲人员进行点评，并提出了意见建议。

食品评估中心党委副书记、副主任严卫星对演讲人员给予了充分肯定，并指出选手们的演讲生动精彩，展现了食品评估中心职工的良好精神风貌，传递了正能量，激发了大家学习英语的热情和信心，食品评估中心将提供更多的平台，提升职工的英语水平，提高表达能力，促进相互学习，让大家展示更好的自己，为建设健康中国更好地贡献力量。

举办纪念建党 97 周年主题党日暨廉政教育大会

2018 年 6 月 26 日上午，食品评估中心举办纪念建党 97 周年主题党日暨廉政教育大会。会议由王竹天纪委书记主持，食品评估中心领导班子、全体党员及中层干部参加会议。

会议在雄壮的国歌声中拉开帷幕，新党员面对党旗庄严宣誓，全体党员重温入党誓词。食品评估中心纪委书记王竹天结合在红旗渠干部学院学习培训经历，以"弘扬红旗渠精神推动健康中国建设"为题为全体党员讲党课。王书记从建渠的背景、过程和意义等多角度全方位地介绍了"人工天河"红旗渠工程的伟大成就，以真实的故事、深刻的体会诠释了"自力更生、艰苦创业，团结协作、无私奉献"的红旗渠精神。王书记指出，红旗渠精神彰显"以人民为中心"的思想，在当今社会有重要的现实意义，全体职工要继承并发扬"红旗渠精神"，将"红旗渠精神"与食品评估中心业务工作充分结合，不忘初心，牢记使命，尽职履责，在国家卫生健康委的领导下，推动食品安全技术支撑工作再上新台阶，不断为健康中国建设贡献力量。会上还观看了廉政专题教育片《忠诚与背叛》。会议在国际歌中圆满结束。

第二、三、四党支部举办联合党日活动

2018 年 7 月 27 日，按照国家卫生健康委和食品评估中心关于"大学习、大调研、大落实"的工作安排，同时结合食品评估中心党委开展"不忘初心，重温入党志愿书"党日活动的要求，第二、三、四党支部联合中国食品工业协会联合举办主题党日活动。三个支部 25 名党员和 8 名群众参加了此次活动。本次活动共有两项内容，一是在前往玛氏公司途中举办支部联席会议；二是与玛氏公司开展食品生产与食品安全技术交流。

在车上，韩宏伟同志主持召开了"不忘初心，重温入党志愿书"的支部联席会议。3 位党支部书记韩宏伟、杨大进和刘兆平，围绕开展"不忘初心，重温入党志愿书"活动的相关要求，不仅分别结合各自的入党志愿书分享了他们的入党体会，还表示要在今后的工作和生活中要继续坚定自己的理想信念、为党旗增光添彩。最后，韩宏伟、杨大进和刘兆平 3 位支部书记在党旗前一起重温了入党誓词。

在玛氏公司，全体人员了解了公司的成长历程，以及玛氏全球食品安全中心在中国建立过程和开展的主要食品安全工作，通过参观全球食品安全中心的实验室和生产车间，大家全方位了解了公司在食品安全方面所开展的研究，以及产品生产流程及食品安全控制规范。大家一致认为，本次参观学习收获很大，了解了食品生产的工艺、流程等，对今后做好食品安全监测、评估、交流的技术支撑有很大的启发和帮助。

最后，刘兆平书记进行了活动总结，他首先肯定了这种将党的活动和业务活动相结合的方式，一方面让大家牢记自己党员的身份；另一方面可以通过与业务相结合，明确自己身上重担。最后，他要求各位同志切实通过"大学习、大调研、大落实"活动提高政治意识、拓展知识维度、提升工作能力、履行党员责任。

召开警示教育大会

2018 年 11 月 8 日下午，食品评估中心召开警示教育大会，会议由食品评估中心党委副书记、副主任严卫星主持，食品评估中心党员干部 120 余人参加会议。

会议传达学习国家卫生健康委直属机关警示教育大会和马晓伟主任讲话精神，并对食品评估中心警示教育活动作出部署。严卫星副书记强调，开展警示教育是推动全面从严治党向纵深发展的迫切需要，是应对反腐败斗争严峻复杂形势的迫切需要，是以过硬作风担当新职能新使命的迫切需要。全部党员干部要深入学习领会习近平总书记关于党风廉政建设和反腐败斗争重要论述，不断提高政治站位，以案为鉴，汲取教训，举一反三，始终作到将纪律挺在前面，食品评估中心开展警示教育要突出思想教育这个根本、突出严明纪律这个关键、突出制度建设这个保障，进一步建立和完善新形势下廉政风险防控机制，强化教育管理监督措施，切实增强廉政风险防控实效。会议还请食品评估中心纪委委员韩宏伟作《中国共产党纪律处分条例》辅导报告，并组织观看了廉政专题教育片。

第四部分　大事记

大事记

2018 年 1 月 5 日	召开 2017 年度主任助理、技术总师、处室负责人述职大会
2018 年 1 月 5 日	召开党支部书记述职大会
2018 年 1 月 12 日	召开 2017 年度领导班子述职暨"一报告两评议"考核测评会
2018 年 1 月 12 日	召开 2017 年度党建述职大会
2018 年 1 月 23～24 日	2018 年食品安全风险监测质量管理技术培训班在杭州举办
2018 年 1 月 23～24 日	2018 年国家食品安全风险监测工作培训班在杭州举办
2018 年 1 月 26 日	召开 2017 年度学术报告会
2018 年 1 月 29 日	2017 年国家食品污染物及有害因素监测网上报菌株复核及微生物质量控制考核结果研讨会在北京召开
2018 年 2 月 1～2 日	微生物风险监测数据信息上报培训班在哈尔滨举办
2018 年 2 月 8 日	召开 2017 年度党员领导干部民主生活会
2018 年 2 月 8 日	召开工会委员会 2018 年第一次会议
2018 年 2 月 9 日	召开 2017 年度工作总结大会暨优秀表彰活动、文艺汇演
2018 年 2 月 11 日	举行 2018 年春节团拜会

2018年3月3～15日	食品评估中心在全国政协会议上发声
2018年3月5～7日	2018年化学污染物及有害因素数据上报系统培训班在呼和浩特举办
2018年3月8日	开展"三八"妇女节"走进多肉世界"主题活动
2018年3月20日	国家食品安全风险评估专家委员会第十三次全体会议在北京召开
2018年3月23～30日	第50届国际食品添加剂法典委员会会议在厦门召开
2018年3月27～28日	婴幼儿辅助食品系列标准修订启动会在广州召开
2018年3月28日	举行2018年中国食品安全技术支撑人才培训项目（CFSTP）开班仪式
2018年4月9～11日	2018年国家食品安全风险监测农药残留、兽药残留检测技术培训班在武汉举办
2018年4月10日	召开"523项目"2018年工作例会
2018年4月18～19日	"食品毒理学计划"培训会在北京召开
2018年4月18～19日	特殊医学用途配方食品系列标准协调会在北京召开
2018年4月21日	吴永宁研究员被增选为国际食品科学院院士
2018年4月23～25日	2018年国家食品安全风险监测污染物检测技术培训班在合肥举办
2018年4月23～27日	2018年国家食品安全风险监测食源性细菌和诺如病毒检测方法技术培训在北京举办
2018年4月24日	召开2018年第二次工会委员会扩大会
2018年4月24日	启动中国居民市售加工食品中糖摄入风险评估工作

2018 年 4 月 25～26 日	2018 年食品安全风险监测参比实验室工作研讨会在武汉市召开
2018 年 5 月 3 日	开展"五四"主题团日活动
2018 年 5 月 9 日	营养相关标准体系研讨会在北京召开
2018 年 5 月 10 日	老年食品通则国家标准协调会在北京召开
2018 年 5 月 17～19 日	精准团队科研人员参加 2018 年持久性有机污染物论坛
2018 年 5 月 18 日	"食品安全与营养健康"主题论坛开讲
2018 年 5 月 29～30 日	2018 年中德食品安全风险监测工作交流研讨会在北京召开
2018 年 6 月 1 日	召开"大学习、大调研、大落实"工作动员部署会
2018 年 6 月 6～7 日	2019 年微生物监测计划讨论会在北京召开
2018 年 6 月 12 日	举办"尚学讲坛"暨英语演讲比赛
2018 年 6 月 14 日	国家重点研发课题"基于大数据的食品安全社会共治体系建构研究"专家研讨会在北京举办
2018 年 6 月 20～22 日	2018 年中国居民食物消费量调查工作启动会暨培训班在北京举办
2018 年 6 月 22 日	食品评估中心分中心（技术合作中心）营养与食品安全相关工作交流会在北京召开
2018 年 6 月 22 日	赴湖南省郴州资兴市虹鳟鱼养殖场调研
2018 年 6 月 25～26 日	召开 2018 年 CFSTP 食品安全支撑技术应用汇报交流会议
2018 年 6 月 26 日	举办纪念建党 97 周年主题党日暨廉政教育大会
2018 年 7 月 2～6 日	第 41 届国际食品法典委员会在罗马召开

2018 年 7 月 4 日	"食品污染物暴露组解析和总膳食研究"等三项《食品安全关键技术研发》重点专项项目启动暨实施方案论证会在北京召开
2018 年 7 月 11～13 日	第 72 次 WTO/SPS 例会在日内瓦召开
2018 年 7 月 25 日	参加国家卫生健康委"全国食品安全宣传周"主题日活动
2018 年 7 月 27 日	第二、三、四党支部举办联合党日活动
2018 年 8 月 9 日	挪威农业与食品部代表团访问食品评估中心
2018 年 8 月 20 日	食品评估中心顺利获得检验检测机构资质认定证书
2018 年 9 月 17～21 日	陈君石院士率团赴欧洲食品安全局参加双边会谈和多项学术活动
2018 年 10 月 22～23 日、10 月 29～30 日	赴山西省、陕西省开展贫困地区营养与食品安全科普活动
2018 年 10 月 26 日	CFSA－EFSA 食品接触材料与食品添加剂安全性管理研讨会圆满结束
2018 年 10 月 31 日～11 月 2 日	中国居民食物消费量数据清理骨干人员培训班在北京举办
2018 年 11 月 1～2 日	亚洲食品法典战略研讨会在北京召开
2018 年 11 月 5 日	英国曼彻斯特大学 Clare Mills 教授访问食品评估中心
2018 年 11 月 5 日	召开 2018 年中国食品安全技术支撑人才培训项目总结会
2018 年 11 月 8 日	召开警示教育大会
2018 年 11 月 9 日	召开高层次人才队伍建设项目终期考核评审会

2018 年 11 月 10～11 日	2018 年抗生素耐药性与全链条健康管理国际会议在北京举办
2018 年 11 月 20 日	检验方法类食品安全国家标准协作组工作启动会暨培训会议在北京举办
2018 年 11 月 26～30 日	派员参加第 40 届营养与特殊膳食用食品国际法典会议
2018 年 11 月 28 日	开展 2018 年消防安全培训
2018 年 11 月 29 日	食品安全国家标准标准审评委员会第十四次主任会议在北京召开
2018 年 12 月 3～5 日	举办 2018 年新职工入职培训班
2018 年 12 月 17 日	召开 2018 年度领导班子述职暨"一报告两评议"考核测评会
2018 年 12 月 18～19 日	第九次中韩食品安全标准专家会在北京召开
2018 年 12 月 28 日	国家卫生健康委李斌副主任一行调研食品评估中心工作

第五部分　机构设置

国家食品安全风险评估中心机构设置

（截至 2018 年 12 月）

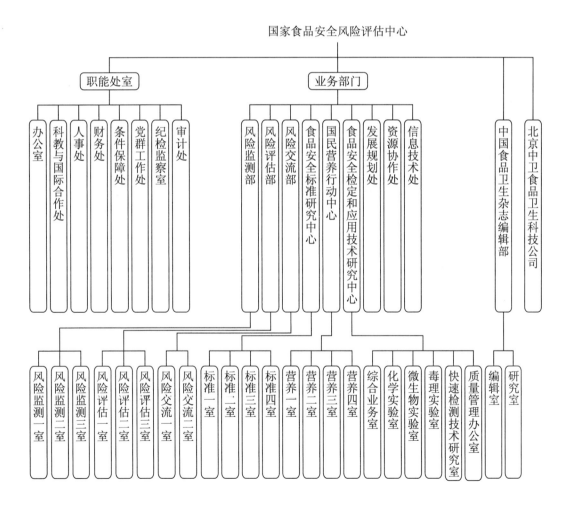

国家食品安全风险评估中心
领导班子办公会成员

（截至 2018 年 12 月）

主　　任、党委书记　　卢　江（任职时间：2016 年 2 月 26 日）

副 主 任、副 书 记　　严卫星（任职时间：2016 年 2 月 26 日）

纪委书记　　　　　　　王竹天（任职时间：2015 年 12 月 28 日）

副 主 任　　　　　　　李　宁（任职时间：2017 年 4 月 6 日）

四级职员　　　　　　　刘　萍（任职时间：2017 年 4 月 6 日）

主任助理兼纪检室主任　王永挺（任职时间：2016 年 1 月 25 日）

国家食品安全风险评估中心中层干部

（截至 2018 年 12 月）

办公室

马 宁 主任（任职时间：2018 年 9 月 20 日）

苏 亮 副主任（任职时间：2018 年 9 月 20 日）

戴鱼兵 副主任（任职时间：2018 年 1 月 22 日）

发展规划处

林 怡 处长（任职时间：2018 年 9 月 20 日）

肖革新 副处长（任职时间：2018 年 9 月 20 日）

风险监测部

风险监测一室

杨大进 主任（任职时间：2016 年 3 月 18 日）

蒋定国 副主任（任职时间：2016 年 5 月 11 日）

风险监测二室

郭云昌 主任（任职时间：2016 年 3 月 18 日）

风险监测三室

何来英 主任（任职时间：2018 年 1 月 14 日）

风险评估部

风险评估一室

徐海滨 主任（任职时间：2016 年 3 月 18 日）

白 莉 副主任（任职时间：2018 年 9 月 20 日）

风险评估二部

刘兆平　主任（任职时间：2016 年 3 月 18 日）

宋　雁　副主任（任职时间：2018 年 9 月 20 日）

风险评估三部

张　磊　主任（任职时间：2018 年 9 月 20 日）

风险交流部

韩宏伟　主任（任职时间：2016 年 1 月 25 日）

风险交流一室

郭丽霞　主任（任职时间：2016 年 3 月 18 日）

食品安全标准研究中心

标准一室

樊永祥　主任（任职时间：2016 年 3 月 18 日）

田　静　副主任（任职时间：2017 年 9 月 11 日）

标准二室

王　君　主任（任职时间：2016 年 3 月 18 日）

标准三室

张俭波　主任（任职时间：2016 年 3 月 18 日）

朱　蕾　副主任（任职时间：2016 年 5 月 11 日）

标准四室

肖　晶　主任（任职时间：2016 年 3 月 18 日）

国民营养行动中心

于　波　副主任（任职时间：2017 年 8 月 30 日）

营养一室

于　波　主任（任职时间：2017 年 8 月 30 日）

营养二室

韩军花　主任（任职时间：2017 年 8 月 30 日）

营养三室

刘爱东　主任（任职时间：2017 年 8 月 30 日）

李建文　副主任（任职时间：2018 年 9 月 20 日）

营养四室

张卫民　主任（任职时间：2017 年 8 月 30 日）

食品安全检定和应用技术研究中心

孙景旺　主任（任职时间：2016 年 9 月 5 日）

侯　维　副主任（任职时间：2018 年 9 月 20 日）

综合业务室

蒋双勤　主任（任职时间：2016 年 3 月 18 日）

宋书锋　副主任（任职时间：2016 年 5 月 11 日）

化学实验室

赵云峰　主任（任职时间：2016 年 3 月 18 日）

周　爽　副主任（任职时间：2017 年 9 月 11 日）

微生物实验室

李凤琴　主任（任职时间：2016 年 3 月 18 日）

徐　进　副主任（任职时间：2016 年 5 月 11）

毒理实验室

贾旭东　主任（任职时间：2016 年 3 月 18 日）

于　洲　副主任（任职时间：2016 年 5 月 11 日）

杨　辉　副主任（任职时间：2018 年 9 月 20 日）

质量管理办公室

李业鹏　主任（任职时间：2016 年 3 月 18 日）

快速检测技术研究室

骆鹏杰　副主任（任职时间：2017 年 9 月 11 日）

资源协作处

满冰兵　处长（任职时间：2016 年 1 月 25 日）

计　融　第二负责人（任职时间：2016 年 4 月 26 日）

科教与国际合作处

徐　汝　处长（任职时间：2016 年 7 月 21 日）

张英男　第二负责人（任职时间：2018 年 9 月 20 日）

人事处

于　波　处长（任职时间：2016 年 3 月 10 日）

财务处

齐　军　处长（任职时间：2016 年 1 月 25 日）

林　怡　副处长（任职时间：2016 年 1 月 12 日）

丛　庆　副处长（任职时间：2017 年 8 月 7 日）

条件保障处

孟　晶　副处长（任职时间：2018 年 9 月 20 日）

李长宏　副处长（任职时间：2018 年 9 月 20 日）

朱传生　正处级干部（任职时间：2017 年 1 月 3 日）

党群工作处

姚　魁　处长（任职时间：2016 年 7 月 21 日）

韩志超　副处长兼工会副主席（任职时间：2017 年 9 月 11 日）

纪检监察室

马正美　主任（任职时间：2018 年 9 月 20 日）

刘艳君　副主任（任职时间：2016 年 3 月 10 日）

审计处

李晓燕　处长（任职时间：2016 年 2 月 3 日）

第六部分　附录

国家食品安全风险评估中心分中心及
技术合作中心名单

（截至 2018 年 12 月）

国家食品安全风险评估中心军事医学研究院分中心

国家食品安全风险评估中心中科院上海生命科学研究院分中心

国家食品安全风险评估中心海洋食品技术合作中心

国家食品安全风险评估中心应用技术合作中心

国家食品安全风险评估中心食品安全风险监测（盘锦）合作实验室

国家食品安全风险监测（省级）
中心名单

（截至 2018 年 12 月）

序号	挂牌机构名称	依托单位
1	国家食品安全风险监测北京中心	北京市疾控中心
2	国家食品安全风险监测天津中心	天津市疾控中心
3	国家食品安全风险监测河北中心	河北省疾控中心
4	国家食品安全风险监测山西中心	山西省疾控中心
5	国家食品安全风险监测内蒙古中心	内蒙古自治区疾控中心
6	国家食品安全风险监测辽宁中心	辽宁省疾控中心
7	国家食品安全风险监测吉林中心	吉林省疾控中心
8	国家食品安全风险监测黑龙江中心	黑龙江省疾控中心
9	国家食品安全风险监测上海中心	上海市疾控中心
10	国家食品安全风险监测江苏中心	江苏省疾控中心
11	国家食品安全风险监测浙江中心	浙江省疾控中心
12	国家食品安全风险监测安徽中心	安徽省疾控中心
13	国家食品安全风险监测福建中心	福建省疾控中心
14	国家食品安全风险监测江西中心	江西省疾控中心
15	国家食品安全风险监测山东中心	山东省疾控中心
16	国家食品安全风险监测河南中心	河南省疾控中心

续表

序号	挂牌机构名称	依托单位
17	国家食品安全风险监测湖北中心	湖北省疾控中心
18	国家食品安全风险监测湖南中心	湖南省疾控中心
19	国家食品安全风险监测广东中心	广东省疾控中心
20	国家食品安全风险监测广西中心	广西壮族自治区疾控中心
21	国家食品安全风险监测海南中心	海南省疾控中心
22	国家食品安全风险监测重庆中心	重庆市疾控中心
23	国家食品安全风险监测四川中心	四川省疾控中心
24	国家食品安全风险监测贵州中心	贵州省疾控中心
25	国家食品安全风险监测云南中心	云南省疾控中心
26	国家食品安全风险监测西藏中心	西藏自治区疾控中心
27	国家食品安全风险监测陕西中心	陕西省疾控中心
28	国家食品安全风险监测甘肃中心	甘肃省疾控中心
29	国家食品安全风险监测青海中心	青海省疾控中心
30	国家食品安全风险监测宁夏中心	宁夏回族自治区疾控中心
31	国家食品安全风险监测新疆中心	新疆维吾尔自治区疾控中心
32	国家食品安全风险监测新疆生产建设兵团中心	新疆生产建设兵团疾控中心

国家食品安全风险监测参比
实验室名单

（截至 2018 年 12 月）

序号	挂牌机构名称	承担参比项目	依托单位
1	国家食品安全风险监测参比实验室	兽药、有害元素、非法添加物	北京市疾控中心
2	国家食品安全风险监测参比实验室	农药残留	上海市疾控中心
3	国家食品安全风险监测参比实验室	有机污染物	江苏省疾控中心
4	国家食品安全风险监测参比实验室	真菌毒素	浙江省疾控中心
5	国家食品安全风险监测参比实验室	二噁英	湖北省疾控中心
6	国家食品安全风险监测参比实验室	重金属	广东省疾控中心
7	国家食品安全风险监测参比实验室	食品添加剂	河北省疾控中心
8	国家食品安全风险监测参比实验室	食品接触包装材料	吉林省疾控中心
9	国家食品安全风险监测参比实验室	生物毒素	深圳市疾控中心
10	国家食品安全风险监测参比实验室	外源性激素	山东省疾控中心
11	国家食品安全风险监测参比实验室	标准物质制备	湖南省疾控中心
12	国家食品安全风险监测参比实验室	放射性物质	广西壮族自治区疾控中心
13	国家食品安全风险监测参比实验室	沙门氏菌	江西省疾控中心
14	国家食品安全风险监测参比实验室	副溶血性弧菌	上海市疾控中心

续表

序号	挂牌机构名称	承担参比项目	依托单位
15	国家食品安全风险监测参比实验室	椰毒假单胞菌	重庆市疾控中心
16	国家食品安全风险监测参比实验室	肉毒梭杆菌	安徽省疾控中心
17	国家食品安全风险监测参比实验室	病毒	江苏省疾控中心
18	国家食品安全风险监测参比实验室	寄生虫	福建省疾控中心

国家食源性疾病病因学
鉴定实验室名单

（截至 2018 年 12 月）

序号	挂牌机构名称	地理区域	依托单位
1	国家食源性疾病病因学鉴定实验室	华北	北京市疾控中心
2	国家食源性疾病病因学鉴定实验室	华东	浙江省疾控中心
3	国家食源性疾病病因学鉴定实验室	华南	广东省疾控中心
4	国家食源性疾病病因学鉴定实验室	华中	河南省疾控中心
5	国家食源性疾病病因学鉴定实验室	西北	甘肃省疾控中心
6	国家食源性疾病病因学鉴定实验室	西南	四川省疾控中心
7	国家食源性疾病病因学鉴定实验室	东北	黑龙江省疾控中心

2018 年发布的食品安全
国家标准

（截至 2018 年 12 月）

序号	标准编号	标准名称
1	GB 1886.297—2018	食品安全国家标准 食品添加剂聚氧丙烯甘油醚
2	GB 1886.298—2018	食品安全国家标准 食品添加剂聚氧丙烯氧化乙烯甘油醚
3	GB 1886.299—2018	食品安全国家标准 食品添加剂 冰结构蛋白
4	GB 1886.300—2018	食品安全国家标准 食品添加剂 离子交换树脂
5	GB 1886.301—2018	食品安全国家标准 食品添加剂 半乳甘露聚糖
6	GB 1903.28—2018	食品安全国家标准 食品营养强化剂 硒蛋白
7	GB 1903.29—2018	食品安全国家标准 食品营养强化剂 葡萄糖酸镁
8	GB 1903.31—2018	食品安全国家标准 食品营养强化剂 醋酸视黄酯（醋酸维生素 A）
9	GB 1903.32—2018	食品安全国家标准 食品营养强化剂 D－泛酸钠
10	GB 1903.34—2018	食品安全国家标准 食品营养强化剂 氯化锌
11	GB 1903.35—2018	食品安全国家标准 食品营养强化剂 乙酸锌
12	GB 1903.36—2018	食品安全国家标准 食品营养强化剂 氯化胆碱
13	GB 1903.37—2018	食品安全国家标准 食品营养强化剂 柠檬酸铁
14	GB 1903.38—2018	食品安全国家标准 食品营养强化剂 琥珀酸亚铁
15	GB 1903.39—2018	食品安全国家标准 食品营养强化剂 海藻碘
16	GB 1903.41—2018	食品安全国家标准 食品营养强化剂 葡萄糖酸钾
17	GB 2716—2018	食品安全国家标准 植物油
18	GB 2717—2018	食品安全国家标准 酱油

续表

序号	标准编号	标准名称
19	GB 2719—2018	食品安全国家标准　食醋
20	GB 8537—2018	食品安全国家标准　饮用天然矿泉水
21	GB 8953—2018	食品安全国家标准　酱油生产卫生规范
22	GB 19304—2018	食品安全国家标准　包装饮用水生产卫生规范
23	GB 25595—2018	食品安全国家标准　乳糖
24	GB 31644—2018	食品安全国家标准　复合调味料
25	GB 31645—2018	食品安全国家标准　胶原蛋白肽
26	GB 31646—2018	食品安全国家标准　速冻食品生产和经营卫生规范
27	GB 31647—2018	食品安全国家标准　食品添加剂生产通用卫生规范
28	GB 2763.1—2018	食品安全国家标准　食品中百草枯等 43 种农药最大残留限量
29	GB 23200.108—2018	食品安全国家标准　植物源性食品中草铵膦残留量的测定 液相色谱－质谱联用法
30	GB 23200.109—2018	食品安全国家标准　植物源性食品中二氯吡啶酸残留量的测定 液相色谱－质谱联用法
31	GB 23200.110—2018	食品安全国家标准　植物源性食品中氯吡脲残留量的测定 液相色谱－质谱联用法
32	GB 23200.111—2018	食品安全国家标准　植物源性食品中唑嘧磺草胺残留量的测定 液相色谱－质谱联用法
33	GB 23200.112—2018	食品安全国家标准　植物源性食品中 9 种氨基甲酸酯类农药及其代谢物残留量的测定 液相色谱－柱后衍生法
34	GB 23200.113—2018	食品安全国家标准　植物源性食品中 208 种农药及其代谢物残留量的测定气相色谱－质谱联用法
35	GB 23200.114—2018	食品安全国家标准　植物源性食品中灭瘟素残留量的测定 液相色谱－质谱联用法
36	GB 23200.115—2018	食品安全国家标准　鸡蛋中氟虫腈及其代谢物残留量的测定 液相色谱－质谱联用法

2018 年科研课题目录

（截至 2018 年 12 月）

序号	课题名称	课题来源
1	食品中化学污染物监测检测及风险评估数据一致性评价的参考物质共性技术研究	科技部
2	食品污染物暴露组解析和总膳食研究	科技部
3	食源性疾病监测、溯源与预警技术研究	科技部
4	食品污染物风险评估关键技术研究	科技部
5	中欧食品安全合作 H2020 EU－China－Safe	科技部
6	功能因子活性稳态递送和精准分析评价关键技术创新及应用	科技部
7	跨境食品潜在、新发病原微生物筛查监控技术及溯源平台建设	科技部
8	外暴露解析与中国总膳食研究	科技部
9	新发和重大食源性疾病标准化诊断、调查及处置技术体系研究课题	科技部
10	新发和重要食源性疾病传播机制及疾病负担研究	科技部
11	典型食品中生物毒素参考物质研究	科技部
12	生命早期内暴露解析与 POPs 履约生物监测研究	科技部
13	食品中生物类致癌物的监测技术研究	科技部
14	反食品欺诈库构建与食品链脆弱性评估技术研究	科技部
15	食品安全数据融合与可视化应用技术	科技部

续表

序号	课题名称	课题来源
16	食品安全管控多维动态关联分析技术研究	科技部
17	基于大数据的食品安全社会共治体系架构研究	科技部
18	食品污染物定量风险表征技术与综合应用研究	科技部
19	混合污染联合风险评估整合模型及总风险概率评估研究	科技部
20	食品污染物危害评估整合技术与应用研究	科技部
21	进口新型食品接触材料供应链安全风险评估模型研究	科技部
22	进口食品安全风险的应急评估技术研究	科技部
23	重大活动食品毒害危险物全链条防范技术研究	科技部
24	保健食品原料重要污染物的毒理评价模型与关键技术研究	科技部
25	食品安全风险分级评价技术规范研究	科技部
26	食品化学危害因子标准质谱库和模拟质谱库构建	科技部
27	发酵食品危害物识别监控技术及特征鉴别技术研究	科技部
28	食源性肉毒毒素产毒基因的穿梭转移及风险控制	中央军委
29	新型含卤污染物的环境暴露组与健康效应的毒理学机制	国家自然科学基金委
30	达托霉素耐药肠球菌在食物链中传播的遗传基础研究	国家自然科学基金委
31	饲料中二噁英和多氯联苯在养殖鱼体内转移蓄积规律及其毒物代谢动力学模拟研究	国家自然科学基金委
32	当前碘摄入水平下典型环境污染物联合暴露对甲状腺疾病患病风险的影响	国家自然科学基金委
33	基于生物标志物的镰孢毒素联合代谢分子机制及协同暴露评估研究	国家自然科学基金委
34	基于新型磁靶向纳米材料高通量前处理技术的难测极性PPCPs多组分痕量分析研究	国家自然科学基金委

续表

序号	课题名称	课题来源
35	丁酸梭菌致婴儿肉毒中毒及肠炎发生的生态学及分子基础 研究	国家自然科学基金委
36	主要食品中二噁英类 POPs 生物利用率研究及其在食品安全风险评估中的应用	国家自然科学基金委
37	二噁英类物质暴露与妊娠期糖尿病关系及相关 microRNA 差异表达研究	国家自然科学基金委
38	CXCR3 毒性通路介导炎症微环境塑造在亚硝胺致消化道肿瘤中的作用及维生素 E 靶向干预研究	国家自然科学基金委
39	EHP/乙醇基于 PPARα/γ 信号通路致肝脏损伤的联合毒性效应研究	国家自然科学基金委
40	规模化养殖畜禽粪污及其循环利用中耐药菌/耐药基因的迁移行为和风险评估	北京市科委
41	北京市青年拔尖人才	北京市科委
42	北京婴儿肉毒中毒及新生儿坏死性小肠结肠炎发生的生态学及分子基础研究	北京市自然科学基金委
43	北京地区婴儿真菌毒素多组分的母婴传递暴露研究	北京市自然科学基金委
44	北京地区居民脱氧雪腐镰刀菌烯醇及其隐蔽型毒素的累积暴露	北京市自然科学基金委
45	新兴真菌毒素的分析方法研究	食品评估中心青年科研基金
46	我国病人来源单核细胞增生李斯特氏菌进化及流行病学特征研究	食品评估中心青年科研基金
47	稀土元素镧的生殖发育毒性研究	食品评估中心青年科研基金
48	食源性致病菌增变基因对抗生素耐药及环境抗性发生和传递调控的遗传基础研究	食品评估中心青年科研基金
49	食品接触材料中纳米粒子的危害识别和迁移研究	食品评估中心青年科研基金
50	我国食品用功能性菌种使用情况调查及管理模式研究	食品评估中心青年科研基金
51	直接接触食品用油墨安全性管理模式研究	食品评估中心青年科研基金
52	散发非伤寒沙门氏菌感染病例对照研究结果分析	食品评估中心青年科研基金

续表

序号	课题名称	课题来源
53	我国市售茶叶农残污染水平及特征研究	食品评估中心青年科研基金
54	《婴幼儿罐装辅助食品》标准跟踪评价研究	食品评估中心青年科研基金
55	食物中营养成分与有害因素的风险－收益评估模型研究	食品评估中心青年科研基金
56	配方粉中氯丙醇酯和缩水甘油酯污染源解析和健康风险研究	中国科学技术学会
57	婴儿配方乳粉中最佳蛋白质质量研究－基于比较喂养试验	中国科学技术学会
58	我国城市老年人群供餐现状和需求调查	中国营养学会

2018 年学术论文及专著发表情况

（截至 2018 年 12 月）

序号	作者	论文名称	期刊名称
1	XinGan（甘辛），Yinping Dong（董银苹），Shaofei Yan（闫韶飞），Yujie Hu（胡豫杰），Seamus Fanning，Jiahui Wang（王佳慧），Fengqin Li（李凤琴）	Contamination and characterization of multiple pathogens in powdered formula at retail collected between 2014 and 2015 in China	Food Control
2	Tao Jiang（江涛），Chunhui Han（韩春卉），Seamus Fanning，Nan Li（李楠），Jiahui Wang（王佳慧），Hongyuan Zhang（张宏元），Jing Zhang（张靖），Fengqin Li（李凤琴）	Norovirus contamination in retail oyster from Beijing and Qingdao，China	Food Control

续表

序号	作者	论文名称	期刊名称
3	Zixin Peng（彭子欣），Mingyuan Zou，Menghan Li（李孟寒），Danru Liu，Wenying Guan，Qiong Hao，Jin Xu（徐进），Shuhong Zhang，Huaiqi Jing，Ying Li，Xiang Liu，Dongmin Yu（余东敏），Shaofei Yan（闫韶飞），Wei Wang（王伟），Fengqin Li（李凤琴）	Prevalence，antimicrobial resistance and phylogenetic characterization of yersini-aenterocolitica in retail poultry meat and swine feces in parts of China	Food Control
4	Zixin Peng（彭子欣），Jinling Zhang，Séamus Fanning，Liangliang Wang，Menghan Li（李孟寒），Nikunj Maheshwari，Jun Sun，Fengqin Li（李凤琴）	Effects of metal and metalloid pollutants on the microbiota composition of feces obtained from twelve commercial pig farms across China	Science of the Total Environment
5	Wei Wang（王伟），Xiaohui Lin，Tao Jiang（江涛），Zixin Peng（彭子欣），Jin Xu（徐进），Lingxian Yi，Fengqin Li（李凤琴），Séamus Fanning，Zulqarnain Baloch	Prevalence and Characterization of staphylococcus aureus cultured from raw milk taken from dairy cows with mastitis in beijing，China	Frontiers in Microbiology
6	Wei Wang（王伟），Zulqarnain Baloch，Mingyuan Zou，Yinping Dong（董银苹），Zixin Peng（彭子欣），Yujie Hu（胡豫杰），Jin Xu（徐进），Nafeesa Yasmeen，Fengqin Li（李凤琴），Séamus Fanning	Complete Genomic Analysis of a Salmonel-laenterica Serovar Typhimurium Isolate Cultured From Ready—to—Eat Pork in China Carrying One Large Plasmid Containing mcr—1	Frontiers in Microbiology

续表

序号	作者	论文名称	期刊名称
7	Wenjing Xu（徐文静），Xiaomin Han（韩小敏），Fengqin Li（李凤琴）	Co—occurrence of multi—mycotoxins in wheat grains harvested in Anhui province，China	Food Control
8	Xiaomin Han（韩小敏），Wenjing Xu（徐文静），Fengqin Li（李凤琴），Jin Xu（徐进）	Co—occurrence of mycotoxins, including aflatoxins, trichothecenes, and zearalenone, in Chinese feedstuffs collected in 2013 and 2014	World Mycotoxin Journal
9	Liying Jiang，Xiaoyue Zhu，Jiesheng Rong，Baifen Xing，Shenyu Wang，Aidong Liu（刘爱东）	The rs182052 polymorphism in ADIPOQ gene is potentially associated with knee osteoarthritis risk.	Bone & Joint Research
10	Haiqin Fang（方海琴），Yuan Zhi，Zhou Yu，Robert A. Lynch，Xu dong Jia	The embryonic toxicity evaluation of deoxynivalenol (DON) by murine embryonic stem cell test and human embryonic stem cell test models	Food Control
11	Shuran Yang（杨舒然），Xiaoyan Pei（裴晓燕），Dajin Yang（杨大进），Huaning Zhang，Qiuxia Chen，Huixia Chui，Xin Qiao，Yulan Huang，Qiyong Liu	Microbial contamination in bulk ready—to—eat meat products of China in 2016	Food Control

续表

序号	作者	论文名称	期刊名称
12	Xiaoyan Pei（裴晓燕）, Shuran Yang（杨舒然）, Li Zhan, Jianghui Zhu, Xiaoyu Song, Xiaoning Hu, Guihua Liu, Guo zhu Ma, Ning Li（李宁）, Dajin Yang（杨大进）	Prevalence of Bacillus cereus in powdered infant and powdered follow－up-formula in China	Food Control
13	DengChunli, Li Chenglong, Zhou Shuang（周爽）, Wang Xiaodan, Xu Haibin, Wang Dan, Gong Yun Yun, Routledge Michael N., Zhao Yunfeng（赵云峰）, Wu Yongning（吴永宁）	Risk assessment of deoxynivalenol in high－risk area of China by human biomonitoring using an improved high through put UPLC－MS/MS method	Scientific Reports
14	Dawei Chen（陈达炜）, Pengcheng Yan, Bing Lv（吕冰）, Yunfeng Zhao（赵云峰）, Yongning Wu（吴永宁）	Parallel reaction monitoring to improve the detection performance of carcinogenic 4－methylimidazole in food by liquid chromatographyhigh resolution mass spectrometry coupled with dispersive micro solid－phase extraction	Food Control
15	WangYuxin（王雨昕）, Zhang Lei（张磊）, Teng Yue, Zhang Jiayu, Yang Lin, Li Jingguang（李敬光）, Lai Jianqiang, Zhao Yunfeng（赵云峰）, Wu Yongning（吴永宁）	Association of serum levels of perfluoroalkyl substances with gestational diabetes mellitus and postpartum blood glucose	Journal of Environmental Sciences

续表

序号	作者	论文名称	期刊名称
16	ZhangYiping，Chen Dawei（陈达炜），Hong Zhuan，Zhou Shuang（周爽），Zhao Yunfeng（赵云峰）	Polymeric ion exchange material based dispersive micro solid—phase extraction of lipophilic marine toxins in seawater followed by the QExactive mass spectrometer analysis using a scheduled high resolution parallel reaction monitoring	Microchemical Journal
17	LiuYongjing，Yu Lishuang，Zhang Hua，Chen Dawei（陈达炜）	Dispersive micro—solid—phase extraction combined with online preconcentration by capillary electrophoresis for the determination of glycopyrrolate stereoisomers in rat plasma	Journal of Separation Science
18	Huanchen Liu（刘奂辰），Jun Wang（王君），Yongning Wu（吴永宁），Lishi Zhang（张立实）	The follow—up evaluation of "General Hygienic Regulation for Food Production" in China	Food Control
19	Gexin Xiao（肖革新），Yingli Hu，Ning Li，Dajin Yang	Spatial autocorrelation analysis of monitoring data of heavy metals inrice in China	Food Control

续表

序号	作者	论文名称	期刊名称
20	Chengdong Xu, Gexin Xiao (肖革新)，Jinfeng Wang，Xiangxue Zhang 1and Jinjun Liang	Spatiotemporal risk of bacillary dysentery and sensitivity to meteorological factors in hunan province，China	International journal of environmental research and public health
21	XueliWang，Moqin Zhou，Jinzhu Jia，Zhi Geng and Gexin Xiao（肖革新）	A bayesian approach to real－time monitoring and forecasting of chinese foodborne diseases	International Journal of Environmental Research and Public Health
22	Xiao Gexin（肖革新），Yang Bing，Li Wei（李薇薇）	Big data resource planning for food safety：a preliminary exploration of the "environment，food and health"information Chain	Journal of resources and ecology
23	Fang HQ（方海琴），Yu Z（于洲），Zhi Y（支媛），Fang J（方谨），Li CX，Wang YM，Peng SQ，Jia XD（贾旭东）	Subchronic oral toxicity evaluation of lanthanum：a 90 － day repeated dose study in rats	Biomed Environ Sci
24	Haiqin Fang（方海琴），Yuan Zhi（支媛），Zhou Yu（于洲），Lynch R，Xudong Jia（贾旭东）	Toxicity evaluation of deoxynivalenol (DON) by murine embryonic stem cell test and human embryonic stem cell test models	Food Control

续表

序号	作者	论文名称	期刊名称
25	Liang Chun Lai（梁春来），Xiang Qian，Cui Wen Ming（崔文明），Fang Jin（方谨），Sun Na Na（孙拿拿），Zhang Xiao Peng（张晓鹏），LI Yong Ning（李永宁），Yang Hui（杨辉），Yu Zhou（于洲），Jia XuDong（贾旭东）	Subchronic Oral Toxicity of Silica Nanoparticles and Silica Microparticles in Rats	Biomed Environ Sci
26	Jing Hu（胡静），Chunlai Liang（梁春来），Xiaopeng Zhang（张晓鹏），Qiannan Zhang（张倩男），Wenming Cui（崔文明），Zhou Yu（于洲）	Developmental immunotoxicity is not associated with the consumption of transgenic Bt rice TT51 in rats	Regulatory Toxicology and Pharmacology
27	Li Y，Zhang X，Liang C（梁春来），Hu J（胡静），Yu Z（于洲）	Safety evaluation of mulberry leaf extract：Acute，subacute toxicity and genotoxicity studies	Regulatory Toxicology and Pharmacology
28	Haiqin Fang（方海琴），Yuan Zhi（支援），Zhou Yu（于洲），Robert A. Lynch，Xudong Jia（贾旭东）	The embryonic toxicity evaluation of deoxynivalenol (DON) by murine embryonic stem cell test and human embryonic stem cell test models	Food Control

续表

序号	作者	论文名称	期刊名称
29	Yang H（杨辉），Xu M，Lu F，Zhang Q，Feng Y，Yang CS，Li N，Jia X（贾旭东）	Tocopherols inhibit esophageal carcinogenesis through attenuating NF—κB activation and CXCR 3—mediated inflammation	Oncogene
30	Xiaomeng Li，Jiao Huo，Zhaoping Liu（刘兆平）Qianlan Yue，Lishi Zhang，Yunyun Gong，Jinyao Chen，Huihui Bao（包汇慧）	An updated weight of evidence approach for deriving ahealthbasedguidance value for 4 - nonylphenol	Journal of applied toxicology
31	Hao Chen，Xiaopeng Zhang，张晓鹏 Xudong Jia，贾旭东 Zhaoping Liu，刘兆平	Benchmark dose analysis of multiple thyroid toxicity endpoints inovariectomized rats exposed to propylthiouracil	Regulatory Toxicology and Pharmacology
32	Maliha Ghaffar，Jintao Li，Lei Zhang（张磊），Sara Khodahemmati，Minglian Wang，Yangjunqi Wang，Lijiao Zhao，Runqing Jia，Su Chen，and Yi Zeng	Water Carcinogenicity and Prevalence of HPV Infection in Esophageal Cancer Patients inHuaihe River Basin，China	Gastroenterology Research and Practice
33	Pei Cao（曹佩），Dajin Yang（杨大进），Jianghui Zhu（朱江辉），Zhaoping Liu（刘兆平），Dingguo Jiang（蒋定国），Haibin Xu（徐海滨）	Estimated assessment of cumulative dietary exposure to organophosphorus residues from tea infusion in China	Envirmental Health and Preventive Medicine

续表

序号	作者	论文名称	期刊名称
34	Zhang Y，Wang Q，Zhang G，Jia W，Ren Y，Wu Y（吴永宁）	Biomarker analysis of hemoglobin adducts of acrylamide and glycidamide enantiomers for mid term internal exposure assessment by isotope dilution ultra — high performance liquid chromatography tandem mass spectrometry	Talanta
35	Zhang Y，Huang M，Zhuang P，Jiao J，Chen X，Wang J，Wu Y（吴永宁）	Exposure to acrylamide and the risk of cardiovascular diseases in the National Health and Nutrition Examination Survey 2003 - 2006	EnvironInt
36	Zhang L，Liu X，Meng G，Chi M，Li J，Yin S，Zhao Y，Wu Y（吴永宁）	Non — dioxin — like polychlorinated biphenyls in early pregnancy and risk of gestational diabetes mellitus	EnvironInt
37	Zhang L，Fang C，Liu L，Liu X，Fan S，Li J，Zhao Y，Ni S，Liu S，Wu Y（吴永宁）	A case — control study of urinary levels of iodine, perchlorate and thiocyanate and risk of papillary thyroid cancer	EnvironInt
38	Yang X，Chen D，Lv B，Miao H，Wu Y（吴永宁），Zhao Y	Dietary exposure of the Chinese population to phthalate esters by a Total Diet Study	Food Control

续表

序号	作者	论文名称	期刊名称
39	Wu YN（吴永宁），Liu XM，Chen Q，Liu H，Dai Y，Zhou YJ，Wen J，Tang ZZ，Chen Y（陈艳）	Surveillance for foodborne disease outbreaks in China, 2003 to 2008	Food Control
40	Wu YN（吴永宁），Liu P，Chen JS	Food safety risk assessment in China：Past，present and future	Food Control
41	Wu YN（吴永宁），Chen JS	Food safety monitoring and surveillance in China：Past，present and future	Food Control
42	Wang Y，Zhong Y，Li J，Zhang J，Lyu B，Zhao Y，Wu Y（吴永宁）	Occurrence of perfluoroalkyl substances in matched human serum, urine, hair and nail	J EnvironSci（China）
43	Wang R，Gao L，Zheng M，Tian Y，Li J，Zhang L，Wu Y（吴永宁），Huang H，Qiao L，Liu W，Su G，Liu G，Liu Y	Short — and medium — chain chlorinatedparaffins in aquatic foods from 18 Chinese provinces：Occurrence，spatial distributions，and risk assessment	Sci Total Environ
44	Shi Z，Zhang L，Li J，Wu Y（吴永宁）	Legacy and emerging brominated flame retardants in China：A review on food and human milk contamination，human dietaryexposure and risk assessment	Chemosphere

续表

序号	作者	论文名称	期刊名称
45	Shen Y，Zhou H，Xu J，Wang Y，Zhang Q，Walsh TR，Shao B，Wu C，Hu Y，Yang L，Shen Z，Wu Z，Sun Q，Ou Y，Wang Y，Wang S，Wu Y（吴永宁），Cai C，Li J，Shen J，Zhang R，Wang Y	Anthropogenic and environmental factors associated with high incidence of mcr—1 carriage in humans across China	Nat Microbiol
46	Qiao L，Gao L，Zheng M，Xia D，Li J，Zhang L，Wu Y（吴永宁），Wang R，Cui L，Xu C	Mass fractions，congener group patterns，and placental transfer of short—and medium—chain chlorinatedparaffins in paired maternal and cord serum	Environ Sci Technol
47	Liu X，Zhang L，Li J，Meng G，Chi M，Li T，Zhao Y，Wu Y（吴永宁）	A nested case—control study of the association between exposure topolybrominated diphenyl ethers and the risk of gestational diabetes mellitus	EnvironInt
48	Li N，Wu D，Hu N，Fan G，Li X，Sun J，Chen X，Suo Y，Li G，Wu Y（吴永宁）	Effective enrichment and detection of trace polycyclic aromatic hydrocarbons in food samples based on magnetic covalent organic framework hybrid microspheres	JAgric Food Chem

续表

序号	作者	论文名称	期刊名称
49	Li C，Deng C，Zhou S，Zhao Y，Wang D，Wang X，Gong YY，Wu Y（吴永宁）	High — throughput and sensitive determination of urinary zearalenone and metabolites by UPLC — MS/MS and its application to a human exposure study	Anal Bioanal Chem
50	Kong W，Wu D，Hu N，Li N，Dai C，Chen X，Suo Y，Li G，Wu Y（吴永宁）	Robust hybrid enzymenanoreactor mediated plasmonic sensing strategy for ultrasensitive screening of anti—diabetic drug	Biosens Bioelectron
51	Jin X，Zhong Y，Chen L，Xu L，Wu Y（吴永宁），Fu FF	A palladium — doped graphitic carbon nitridenanosheet with high peroxidase—like activity：preparation，characterization，and application in glucose detection	Part Syst Charact
52	Jin X，Chen J，Zeng X，Xu L，Wu Y（吴永宁），Fu F	A signal—on magnetic electrochemical immunosensor for ultra—sensitive detection of saxitoxin using palladium — doped graphitic carbon nitride—based non—competitive strategy	Biosens Bioelectron

续表

序号	作者	论文名称	期刊名称
53	Huang H, Gao L, Zheng M, Li J, Zhang L, Wu Y（吴永宁）, Wang R, Xia D, Qiao L, Cui L, Su G, Liu W, Liu G	Dietary exposure to short and medium—chain chlorinated paraffins in meat and meat products from 20 provinces of China	Environ Pollut
54	Deng H, Devleess chauwer B, Liu M, Li J, Wu Y（吴永宁）, van der Giessen JWB, Opsteegh M	Seroprevalence of Toxoplasma gondii in pregnant women and livestock in the mainland of China: a systematic review and hierarchical meta—analysis	Sci Rep
55	Chen Z, Wang X, Cheng X, Yang W, Wu Y（吴永宁）, Fu F	Specifically and visually detect methyl—mercury and ethyl—mercury in fish sample based on DNA—templated alloy Ag—Au nanoparticles	Anal Chem
56	Chen Z, Chen L, Lin L, Wu Y（吴永宁）, Fu F	A colorimetric sensor for the visual detection ofazodicarbonamide in flour based on azodicarbonamide—induced anti—aggregation of gold nanoparticles	ACS Sensors
57	Chen Y（陈艳）, Ji H, Chen LJ, Jiang R, Wu YN（吴永宁）	Food safety knowledge, attitudes and behavior among dairy plant workers in Beijing, northern China	Int J Environ Res Public Health

续表

序号	作者	论文名称	期刊名称
58	Chen Y，Chen L，Wang X，Xi Z，Wu Y（吴永宁），Fu FF	DNA binding in combination with capillary electrophoresis and inductively coupled plasma mass spectrometry for the rapid speciation analysis of mercury	SepSci Plus
59	Cao W，Liu X，Liu X，Zhou Y，Zhang X，Tian H，Wang J，Feng S，Wu Y（吴永宁），Bhatti P，Wen S，Sun X	Perfluoroalkyl substances in umbilical cord serum and gestational and postnatal growth in a Chinese birth cohort	Environ Int
60	Huo J，Huang Z，Li R，Song Y，Lan Z，Ma S，Wu Y（吴永宁），Chen J，Zhang L	. Dietary cadmium exposure assessment in rural areas of Southwest China	PLoS One
61	李凤琴，白瑶（1）	弯曲菌耐药机制研究进展	中华预防医学杂志
62	李凤琴，白瑶（1），王伟（2），闫琳（3），杨舒然（4），闫韶飞（5），董银苹（6），徐进（9），胡豫杰（10）	食源性耐甲氧西林金黄色葡萄球菌分子分型研究	中华预防医学杂志
63	李凤琴，白瑶（1），江涛（4），王伟（5），裴晓燕（6），杨大进（7），徐进（8）	中国水产品中副溶血性弧菌耐药性及遗传特征分析	中国食品卫生杂志
64	李凤琴，白瑶（1），江涛（3），李孟寒（5），李志刚（6）	水产品中创伤弧菌检测方法的建立与应用	中国食品卫生杂志

续表

序号	作者	论文名称	期刊名称
65	徐进，甘辛（1），王伟（2），胡豫杰（3）	我国婴儿配方粉来源的克罗诺杆菌脉冲场凝胶电泳分子分型和多位点序列分型研究	中国食品卫生杂志
66	李凤琴，彭子欣（1），徐进（3），闫韶飞（9），王伟（10），余东敏（11）	中国四省份禽肉中耶尔森菌的耐药性及其耐药基因研究	中国预防医学杂志
67	徐进，彭子欣（1）	肠球菌耐药机制与食源性传播研究进展	中国预防医学杂志
68	李凤琴，彭子欣（1），李孟寒（3），王伟（4），徐进（5）	唐菖蒲伯克霍尔德菌椰毒致病型菌株 Co14 毒力相关基因解析	中国食品卫生杂志
69	李凤琴，王伟（1）	金黄色葡萄球菌中可移动遗传元件与耐药传播机制研究进展	中华预防医学杂志
70	李凤琴，徐文静（1），韩小敏（3）	2015 年我国部分地区市售食用植物油中黄曲霉毒素污染调查	中国食品卫生杂志
71	李凤琴，韩小敏（1），韩春卉（2）	4 种交链孢毒素对人食管上皮细胞 Het－1A 的体外毒性研究	中国食品卫生杂志
72	李凤琴，韩小敏（1），徐文静（2），张靖（4），王美美（5）	2017 年山东省部分地区玉米及其制品中白僵菌素和恩镰孢菌素污染调查	中国食品卫生杂志
73	江涛，董银苹（1），李凤琴（2），王美美（3）	梭状芽胞杆菌鉴定用荧光 PCR 方法的建立	现代预防医学
74	李凤琴，董银苹（2）	一起丁酸梭菌致新生儿坏死性小肠结肠炎暴发事件的实验室诊断与溯源	中华预防医学杂志

续表

序号	作者	论文名称	期刊名称
75	徐进，胡豫杰（1），王晔茹（3），王美美（5）	中国六省份零售整鸡中沙门菌血清型分布和耐药性特征研究	中华预防医学杂志
76	裴晓燕，胡豫杰（1），王美美（3），甘辛（4）	2016 年中国 26 个省市食源性沙门菌耐药性特征分析	中国食品卫生杂志
77	徐进，胡豫杰（1），赫英英（2），徐进（3）	印第安纳沙门菌耐药性研究进展	中华预防医学杂志
78	李凤琴，胡豫杰（1），徐进（3），王美美（4）	2017 年我国沙门菌定性检验及血清学分型质量控制考核结果研判	中国食品卫生杂志
79	江涛，李楠（1），王佳慧（2），李凤琴（3）	不同水源中 GⅡ型诺如病毒实时荧光逆转录聚合酶链式反应检测方法建立及应用	中国食品卫生杂志
80	李凤琴，王美美（1）	基于 ITS 和 β－tubulin 部分基因及 SRAP 分子标记技术推断红曲霉系统发育关系	中国食品卫生杂志
81	李凤琴，甘辛（1）	克罗诺杆菌属致病性研究进展	中国食品卫生杂志
82	李凤琴（1）	食品微生物菌种安全性评估研究进展	中国食品卫生杂志
83	郭丽霞，许静，罗晓月，刘时雨，陈思	风险交流视角下的食品安全标准相关媒体报道分析	中国食品卫生杂志
84	方海琴，汪燕，王宏，李海蛟，王旭，方海琴	临床药师参与多学科协作救治 7 例野生蘑菇中毒患者的实践	中国药房

续表

序号	作者	论文名称	期刊名称
85	李莹（1），杨大进（2），杨舒然（3），闫琳（4），李宁（5），裴晓燕（6）	华支睾吸虫病高发区囊蚴感染调查	中国人兽共患病学报
86	杨大进，闫琳，裴晓燕，宋筱瑜，杨舒然，李莹，李宁	2014 年中国 15 省（自治区、直辖市）市售生畜肉中常见食源性致病菌污染状况研究	卫生研究
87	杨大进，闫琳，裴晓燕，杨舒然，李莹，张磊	市售焙烤食品中微生物污染状况调查	中国卫生检验杂志
88	裴晓燕，闫琳，杨大进，李莹，杨舒然	奶粉伴侣中微生物污染特点分析	中国食物与营养
89	杨大进，裴晓燕，闫琳	2017 年中国市售酱油微生物污染状况分析	中国调味品
90	肖晶，王紫菲，肖晶	国际标准组织食品检验方法体系构成及特点分析	中国卫生标准管理
91	张俭波，王华丽，张霁月	第五十届国际食品添加剂法典委员会（CCFA）会议进展	中国食品添加剂
92	张俭波，喻俊磊，郑义，曾林晖，周晓晴，李晴，王华丽	超高效液相色谱法测定乳制品中安赛蜜、糖精钠、阿斯巴甜、阿力甜、纽甜、甜菊糖苷	中国食品添加剂
93	李敬光，王雨昕，谢丹，赵云峰（4），吴永宁（5）	全氟辛酸和全氟辛烷磺酸异构体的膳食暴露来源	环境化学

续表

序号	作者	论文名称	期刊名称
94	吕冰，张磊，李敬光（4），赵云峰（6），吴永宁（7）	气相色谱－三重四极杆质谱法测定母乳样品中二英类物质的验证	环境化学
95	鲍彦，李敬光（5），赵云峰（6），吴永宁（7）	3，3′，4，4′，5－五氯联苯通过饲料在罗非鱼体内的转移富集净化规律及膳食暴露评估	环境化学
96	陈达炜，高洁，赵云峰	分散微固相萃取－超高效液相色谱－高分辨质谱法测定葡萄酒和啤酒中多菌灵和噻菌灵	色谱
97	方从容，高洁，王雨昕，周爽（4），赵云峰（5），陈达炜（6）	QuEChERS－超高效液相色谱－串联质谱法测定鸡蛋中 125 种兽药残留	色谱
98	高洁，陈达炜，赵云峰（5）	固相萃取－超高效液相色谱－串联质谱法测定畜产品中残留的 22 种磺胺类药物	中国食品卫生杂志
99	周爽，邱楠楠，赵云峰（4），张烁（5），吴永宁（6）	2011 年中国 15 个省母乳中真菌毒素的污染状况	卫生研究
100	马兰，岳兵，周爽，赵云峰（4），吴永宁（5），赵馨（6）	绿茶中稀土元素的污染	卫生研究
101	李敬光，王雨昕，李敬光，赵云峰，吴永宁（4）	食品和人体基质中典型全氟有机化合物国际比对考核结果分析及其在质量控制中的应用	卫生研究

续表

序号	作者	论文名称	期刊名称
102	陈达炜，吕冰，辛少鲲，赵云峰（4）	盐析辅助液液萃取交联聚维酮净化－靶向单一离子监测/高分辨质谱法测定蜂蜜中新烟碱类农约残留	分析测试学报
103	王雨昕，李敬光（4），赵云峰（5），吴永宁（6）	脐带血中全氟有机化合物及其典型异构体的分布研究	中国卫生工程学
104	周爽，赵馨，屈鹏峰，马兰，尚晓虹（4），周爽（5），赵云峰（6）	北京市售 103 种蔬菜和食用菌样品中多元素的含量分析	中国卫生工程学
105	赵云峰，高洁，陈达炜	通过式固相萃取－超高效液相色谱－串联质谱法快速测定猪肉中 52 种同化激素	中国卫生检验杂志
106	赵馨，龚燕，尚晓虹	HPLC－ICP－MS 联用测定稻米中的无机汞和甲基汞	化学试剂
107	王君，陈潇，王家祺，张婧	国内外新食品原料定义及相关管理制度比较研究	中国食品卫生杂志
108	刘奂辰，王君	我国食品安全国家标准与美国食品法规制定程序对比及分析	中国食品卫生杂志
109	杨大进，肖革新（1）	空间统计在长江流域大米镉分布特征研究的应用	中国食品卫生杂志
110	肖革新	湖北省潜江市小龙虾中镉含量的空间自相关分析	中国食品卫生杂志
111	肖革新	基于空间统计方法的蔬菜中农药残留风险分析	中国食品卫生杂志

续表

序号	作者	论文名称	期刊名称
112	肖革新	基于食品健康链的大数据智能编码系统设计	中国卫生信息管理
113	贾旭东，李晨汐，刘珊，刘海波，冯晓莲，于洲	硝酸钇对小鼠胚胎干细胞神经发育的影响及机制研究	毒理学杂志
114	贾旭东，陈晨，孙拿拿，李永宁	食物致敏性评价 RBL－2H3 细胞模型的研究	实用预防医学
115	徐海滨，熊雾，梁春来，于洲	3 种纳米氧化锌对不同分化状态 Caco－2 细胞的毒性作用研究	毒理学杂志
116	汪会玲，支媛，方业鑫，刘海波，崔文明，冯晓莲	脱氧雪腐镰刀菌烯醇一次经口染毒对雄性小鼠的影响	毒理学杂志
117	徐淼，张倩男，杨辉，张立实，贾旭东	亚硝胺及前体化合物的致癌效应及其食用安全性研究进展	癌变·畸变·突变
118	张磊，雍凌，王彝白纳	我国居民中药材中砷暴露风险评估	中国中医药信息杂志
119	刘兆平	我国食品安全风险评估的主要挑战	中国食品卫生杂志
120	刘兆平，包汇慧	壬基酚每日可耐受摄入量建议值的探讨	中国食品卫生杂志
121	宋雁，刘兆平	毒理学数据质量评价体系的研究进展	毒理学杂志
122	肖潇，隋海霞	食品中遗传毒性致癌物风险评估方法研究	中国食品卫生杂志

续表

序号	作者	论文名称	期刊名称
123	隋海霞，肖文	积聚暴露评估方法的建立及其在我国0—6月龄应有双酚A风险评估中的应用	中国食品卫生杂志
124	隋海霞	液相色谱－三重四级杆质谱测定同时测定食品接触材料中双酚A、双酚F和双酚S的迁移量	分析测试学报
125	隋海霞，刘兆平	我国食品接触材料安全性评估体系构建	中国食品卫生杂志
126	隋海霞	双酚S和双酚F的危害识别	卫生研究
127	刘兆平，毛伟峰，隋海霞，刘爱东	累积风险评估方法在典型人群饮料中铅、镉联合暴露评估中的应用研究	中国食品卫生杂志
128	张磊，毛伟峰，王彝白纳	我国居民中药材中铅暴露的风险评估	中国药品标准
129	毛伟峰，宋雁	食品中常见的甜味剂使用方面存在的主要问题及危害	食品科学技术学报
130	韩军花（1），梁栋（3），李湖中（4）	我国婴幼儿配方食品标准中维生素适宜范围值探讨	食品科学技术学报
131	梁栋（1），韩军花（3），李湖中（4）	我国婴幼儿配方食品标准中矿物质适宜范围值探讨	食品科学技术学报
132	邓陶陶，梁栋，李湖中，屈鹏峰，韩军花	我国市场常见饮料中糖含量调查	中国食物与营养
133	邓陶陶（1），梁栋（2），李湖中（3），韩军花（4）	我国预包装食品标签中营养声称使用现况调查	中国健康教育

续表

序号	作者	论文名称	期刊名称
134	屈鹏峰（2），邓陶陶（3），韩军花（4）	我国预包装食品标签中营养成分功能声称使用现况调查	食品工业科技
135	梁栋（1），邓陶陶（3），李湖中（4），韩军花（5）	我国市售较大婴儿配方乳粉中糖含量研究	中国食物与营养
136	韩军花（3）	婴幼儿配方食品中蛋白质适宜含量值的系统综述	营养学报
137	邓陶陶（2），韩军花（3）	建立中国 n－3 长链多不饱和脂肪酸预防慢性非传染性疾病	卫生研究
138	邓陶陶（1），韩军花（4）	运动营养食品产业现状和未来发展	中国食品卫生杂志
139	李湖中（2），韩军花（3）	微量营养素最高强化量评估模型比较研究	现代预防医学
140	梁江，曹佩，王小丹，高芃，徐海滨	面粉处理剂偶氮甲酰胺在面包中分解产物氨基脲的理论致癌风险评估	中国食品卫生杂志
141	曹佩，朱江辉，梁江，王小丹，徐海滨	定性风险－受益评估方法在蔬菜及蔬菜中硝酸盐摄入评估中的应用性研究	中国食品卫生杂志
142	王晔茹，宋筱瑜	基于 3 种模型的市售腐乳中蜡样芽孢杆菌风险的比较性评估研究	中国食品卫生杂志
143	王晔茹，诸寅，宋筱瑜，蔡强，李骏	我国婴幼儿配方粉中蜡样芽孢杆菌污染的暴露评估模型初探	生物加工过程

续表

序号	作者	论文名称	期刊名称
144	王晔茹，宋筱瑜，诸寅	中国居民家庭婴幼儿配方奶粉消费习惯调查	华南预防医学
145	邱楠楠，邓春丽，周爽，赵云峰，张烁，吴永宁	2011 年中国 15 个省母乳中真菌毒素的污染状况	卫生研究

2018 年专著和图书出版情况

（截至 2018 年 12 月）

序号	书籍名称	作者	出版社
1	第五次中国总膳食	吴永宁，赵云峰 李敬光	科学出版社
2	空间统计实战	肖革新	科学出版社
3	食品安全风险监测数据综合分析方法及应用	肖革新	科学出版社
4	食品接触材料及制品迁移试验标准实施指南	朱蕾，张俭波，张泓，马爱进，王华丽，王朝晖，付文丽，刘玉卫，李玎，张霁月，陈少鸿，陈蓉芳，陈煊红 ，钟怀宁，姜欢，袁家齐，顾振华，商贵芹，隋海霞，鲁杰，熊丽蓓	中国标准出版社
5	中国食品工业标准汇编—食品添加剂卷	张俭波，王华丽，张霁月，朱蕾，张泓月	中国标准出版社
6	食品中有机污染物检测方法标准操作程序	吴永宁	中国质检出版社
7	食品中真菌毒素检测方法标准操作程序	吴永宁	中国质检出版社
8	GB 31641—2016《食品安全国家标准 航空食品卫生规范》实施指南	王君，刘奂辰，邵懿，陈潇，王家祺，张婧等	中国质检出版社

续表

序号	书籍名称	作者	出版社
9	GB 12694—2016《食品安全国家标准 畜禽屠宰加工卫生规范》实施指南	王君，刘奂辰，陈潇，张婧等	中国质检出版社
10	GB 20941—2016《食品安全国家标准 水产制品生产卫生规范》实施指南	王君，刘奂辰，邵懿，王家祺等	中国质检出版社
11	GB 8950—2016《食品安全国家标准 罐头食品生产卫生规范》实施指南	王君，刘奂辰，邵懿等	中国质检出版社
12	中国食品工业标准汇编 食品生产经营规范卷	刘奂辰，陈潇，邵懿	中国质检出版社
13	焙烤食品检验	肖晶	中国医药科技出版社
14	新中西医结合临床实践	王伟，董银苹	吉林科学技术出版社
15	食物消费量调查数据清理实例分析	刘爱东，李建文，方海琴，王起赫，刘飒娜，刘玉洁，潘峰，史末也	辽宁科学技术出版社
16	风险评估术语和释义	刘兆平，张磊，周萍萍，王彝白纳，毛伟峰，包汇慧，肖潇，宋雁，隋海霞，雍凌	中国质检出版社
17	营养小标签 健康大学问	韩军花，邓陶陶，屈鹏峰，李湘中，梁栋，郭春雷，韩宏伟，陈思，白瑶，陶婉亭，付文丽，潘京海	中国质检出版社

图书在版编目（CIP）数据

国家食品安全风险评估中心年鉴（2019卷）/国家食
品安全风险评估中心年鉴编写委员会编 . —北京：中国质量标准出版
传媒有限公司，2020.8

ISBN 978 - 7 - 5026 - 4761 - 2

Ⅰ. ①国… Ⅱ. ①国… Ⅲ. ①食品安全—风险管理—
组织机构—中国—2019—年鉴 Ⅳ. ①TS201.6 - 54

中国版本图书馆 CIP 数据核字（2020）第 039362 号

中国质量标准出版传媒有限公司
中 国 标 准 出 版 社 出版发行
北京市朝阳区和平里西街甲 2 号（100029）
北京市西城区三里河北街 16 号（100045）
网址：www.spc.net.cn
总编室：（010）68533533 发行中心：（010）51780238
读者服务部：（010）68523946
中国标准出版社秦皇岛印刷厂印刷
各地新华书店经销

*

开本 787×1092 1/16 印张 16 字数 227 千字
2020 年 8 月第一版 2020 年 8 月第一次印刷

*

定价 68.00 元